建筑施工图集应用系列丛书

砌体结构设计与构造
——12SG620《砌体结构设计与构造》图集应用

张 涛 主编

中国建筑工业出版社

图书在版编目（CIP）数据

砌体结构设计与构造：12SG620《砌体结构设计与构造》图集应用/张涛主编. 一北京：中国建筑工业出版社，2015.11
（建筑施工图集应用系列丛书）
ISBN 978-7-112-18680-8

Ⅰ. ①砌… Ⅱ. ①张… Ⅲ. ①砌块结构-结构设计-图集 Ⅳ. ①TU360.4-64

中国版本图书馆 CIP 数据核字（2015）第 267541 号

本书根据国家建筑标准设计图集《砌体结构设计与构造》12SG620 及《砌体结构设计规范》（GB 50003—2011）、《混凝土结构设计规范》（GB 50010—2010）、《建筑抗震设计规范》（GB 50011—2010）编写。共分为 5 章，包括：砌体房屋构造柱、芯柱设置、砖砌体房屋构造与应用、砌块砌体房屋构造与应用、底部框架一抗震墙砌体房屋抗震构造、抗裂措施及坡屋面构造。本书内容丰富、通俗易懂、实用性强、方便查阅。本书可供从事砌体结构设计、施工、研究人员以及相关专业大中专的师生学习参考。

责任编辑：张　磊
责任设计：李志立
责任校对：陈晶晶　赵　颖

建筑施工图集应用系列丛书
砌体结构设计与构造——12SG620《砌体结构设计与构造》图集应用
张　涛　主编
*
中国建筑工业出版社出版、发行（北京西郊百万庄）
各地新华书店、建筑书店经销
霸州市顺浩图文科技发展有限公司制版
环球印刷（北京）有限公司印刷
*
开本：787×1092 毫米　1/16　印张：8¾　字数：212 千字
2016 年 1 月第一版　　2016 年 1 月第一次印刷
定价：**25.00** 元
ISBN 978-7-112-18680-8
（27742）

编 委 会

主编： 张　涛

参编： 王　园　宁惠娟　吕克顺　危　聪

刘　虎　孙　钢　杨俊贤　吴善喜

张　彤　段云峰　殷鸿彬　隋红军

前　言

随着科技的不断发展，出现了许多新型材料，但是仍然动摇不了砌体结构在房屋建筑中的重要地位，砌体结构在当今土木工程中仍然是一种重要的房屋建筑结构形式。虽然近年来已取得丰硕成果，但随着时代的变迁也需要不断地进步才能适应社会的发展需要，这就要求我们站在可持续发展的角度上不断地进行科技创新，利用新技术将砌体结构这古老的建筑传统延续下去。基于此，我们组织编写此书，系统地讲解 12SG620 图集，方便相关工作人员学习砌体结构设计与构造知识。

本书根据国家建筑标准设计图集《砌体结构设计与构造》（12SG620）及《砌体结构设计规范》（GB 50003—2011）、《混凝土结构设计规范》（GB 50010—2010）、《建筑抗震设计规范》（GB 50011—2010）编写。共分为 5 章，包括：砌体房屋构造柱、芯柱设置、砖砌体房屋构造与应用、砌块砌体房屋构造与应用、底部框架-抗震墙砌体房屋抗震构造、抗裂措施及坡屋面构造。本书内容丰富、通俗易懂、实用性强、方便查阅。本书可供从事砌体结构设计、施工、研究人员以及相关专业大中专院校师生学习参考。

由于编写时间仓促，编写经验、理论水平有限，难免有疏漏、不足之处，敬请读者批评指正。

2015 年 5 月

目　　录

1　砌体房屋构造柱、芯柱设置 ………………………………………………… 1
1.1　办公楼构造柱、芯柱设置 ………………………………………………… 1
1.2　住宅楼构造柱、芯柱设置 ………………………………………………… 1
1.3　内廊式教学楼构造柱、芯柱设置 ……………………………………… 1
1.4　外廊式教学楼构造柱、芯柱设置……………………………………… 12
2　砖砌体房屋构造与应用…………………………………………………… 13
2.1　基础构造………………………………………………………………… 13
2.2　墙体拉结构造…………………………………………………………… 19
2.3　柱与梁连接构造………………………………………………………… 25
2.4　圈梁构造………………………………………………………………… 30
2.5　挑梁构造………………………………………………………………… 35
2.6　预制空心板构造………………………………………………………… 37
2.7　板与墙梁连接构造……………………………………………………… 40
2.8　楼梯间墙体配筋构造…………………………………………………… 42
2.9　女儿墙构造……………………………………………………………… 44
2.10　砖砌体房屋构造实例 ………………………………………………… 48
3　砌块砌体房屋构造与应用………………………………………………… 55
3.1　芯柱与基础连接构造…………………………………………………… 55
3.2　柱与墙拉结构造………………………………………………………… 59
3.3　梁与柱连接构造………………………………………………………… 67
3.4　圈梁、挑梁构造………………………………………………………… 72
3.5　预制空心板构造………………………………………………………… 76
3.6　板与墙连接构造………………………………………………………… 79
3.7　楼梯间墙体配筋构造…………………………………………………… 81
3.8　女儿墙构造……………………………………………………………… 82
3.9　砌块砌体房屋构造实例………………………………………………… 85
4　底部框架-抗震墙砌体房屋抗震构造 ………………………………… 87
4.1　底部框架-抗震墙结构布置 …………………………………………… 87
4.2　钢筋混凝土抗震墙构造………………………………………………… 88
4.3　砖砌体抗震墙构造……………………………………………………… 89
4.4　砌块砌体抗震墙构造…………………………………………………… 91
4.5　配筋砌块砌体抗震墙构造……………………………………………… 93
4.6　过渡层墙体构造………………………………………………………… 96
4.7　框架托墙梁构造………………………………………………………… 98

4.8　框架柱与砌体填充墙拉结构造…… 99
4.9　底部框架-抗震墙砌体房屋抗震构造实例…… 104
5　抗裂措施及坡屋面构造 …… 123
5.1　房屋抗裂构造 …… 123
5.2　坡屋面构造 …… 128
参考文献…… 133

1　砌体房屋构造柱、芯柱设置

1.1　办公楼构造柱、芯柱设置

办公楼构造柱、芯柱设置，如图 1-1 所示。

（1）图 1-1（*a*）为抗震设防烈度 6 度时不大于五层、7 度时不大于四层、8 度时不大于三层的砖砌体、砌块砌体办公楼构造柱、芯柱基本设置示例图。

（2）图 1-1（*b*）为抗震设防烈度 6 度时六层、7 度时五层、8 度时四层的砖砌体、砌块砌体办公楼构造柱、芯柱基本设置示例图。

（3）图 1-1（*c*）为砖砌体抗震设防烈度 6 度时七层、7 度时不小于六层、8 度时不小于五层，砌块砌体 6 度时七层、7 度时六层和 8 度时五层的办公楼构造柱、芯柱基本设置示例图。

（4）砌块砌体抗震设防烈度为 7 度七层、8 度六层时芯柱设置还应满足横墙内芯柱间距不大于 2m，外墙转角灌实 7 个孔，内外墙交接处灌实 5 个孔。

（5）为提高墙体抗震受剪承载力而需增设的构造柱、芯柱应按设计计算确定。

1.2　住宅楼构造柱、芯柱设置

住宅楼构造柱、芯柱设置，如图 1-2 所示。

（1）图 1-2（*a*）为抗震设防烈度 6 度时不大于五层、7 度时不大于四层及 8 度时不大于三层的砖砌体、砌块砌体住宅楼构造柱、芯柱基本设置示例图。

（2）图 1-2（*b*）为抗震设防烈度 6 度时六层、7 度时五层及 8 度时四层的砖砌体、砌块砌体住宅楼构造柱、芯柱基本设置示例图。

（3）图 1-2（*c*）为砖砌体抗震设防烈度 6 度时七层、7 度时六、七层和 8 度时五、六层，砌块砌体 6 度时七层、7 度时六层和 8 度时五层的住宅楼构造柱、芯柱基本设置示例图。

（4）抗震设防烈度为 7 度七层、8 度六层时芯柱设置还应满足横墙内芯柱间距不大于 2m，外墙转角灌实 7 个孔，内外墙交接处灌实 5 个孔。

（5）为提高墙体抗震受剪承载力而需增设的构造柱、芯柱应按设计计算确定。

1.3　内廊式教学楼构造柱、芯柱设置

内廊式教学楼构造柱、芯柱设置，如图 1-3 所示。

（1）图 1-3（*a*）为砖砌体抗震设防烈度 6、7 度时不大于三层及 8 度时不大于两层，砌块砌体 6 度时不大于三层、7 度时不大于两层及 8 度时一层的中小学教学楼构造柱、芯柱基本设置示例图。

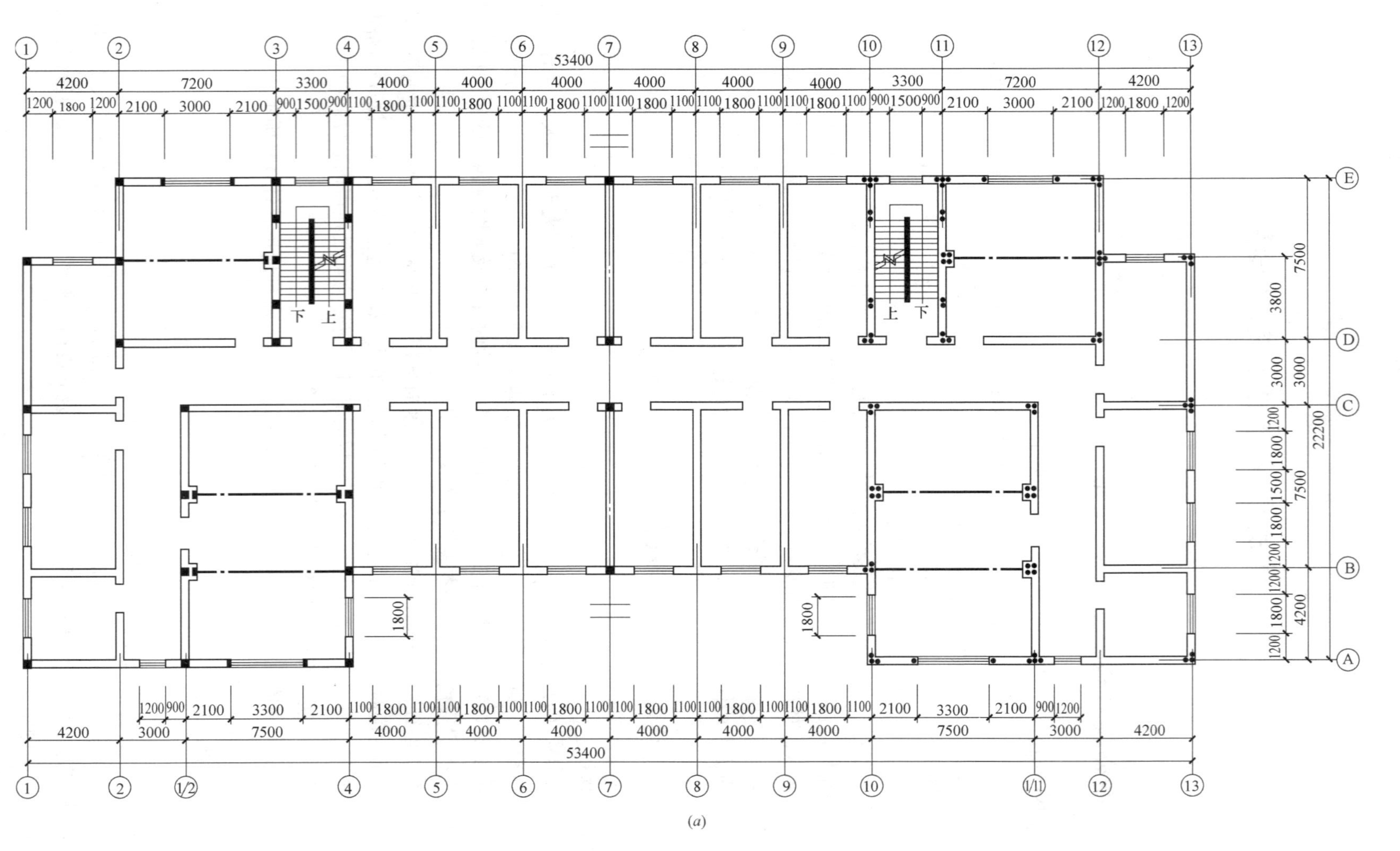

(*a*)

图 1-1　办公楼构造柱、芯柱设置（一）

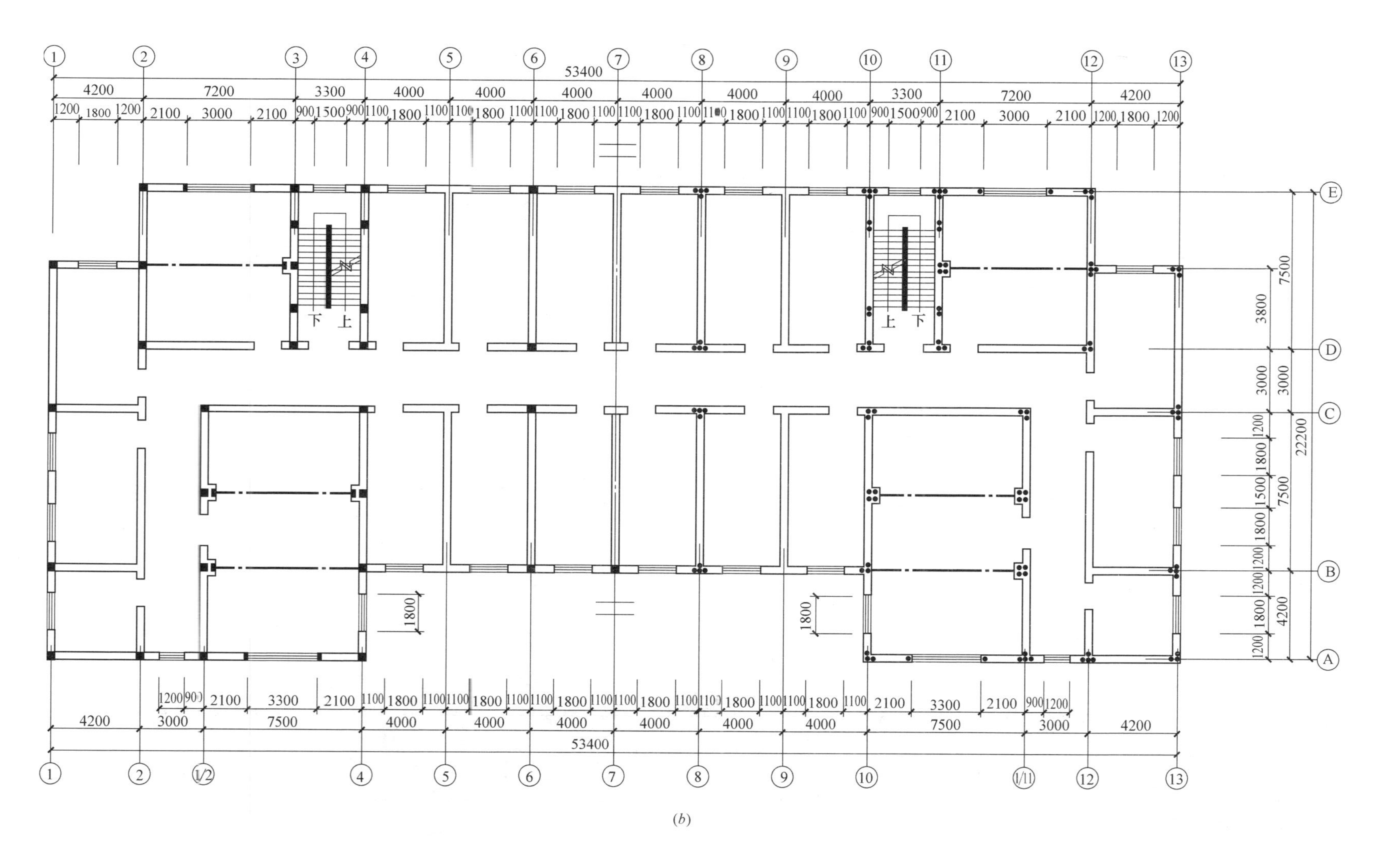

(b)

图 1-1　办公楼构造柱、芯柱设置（二）

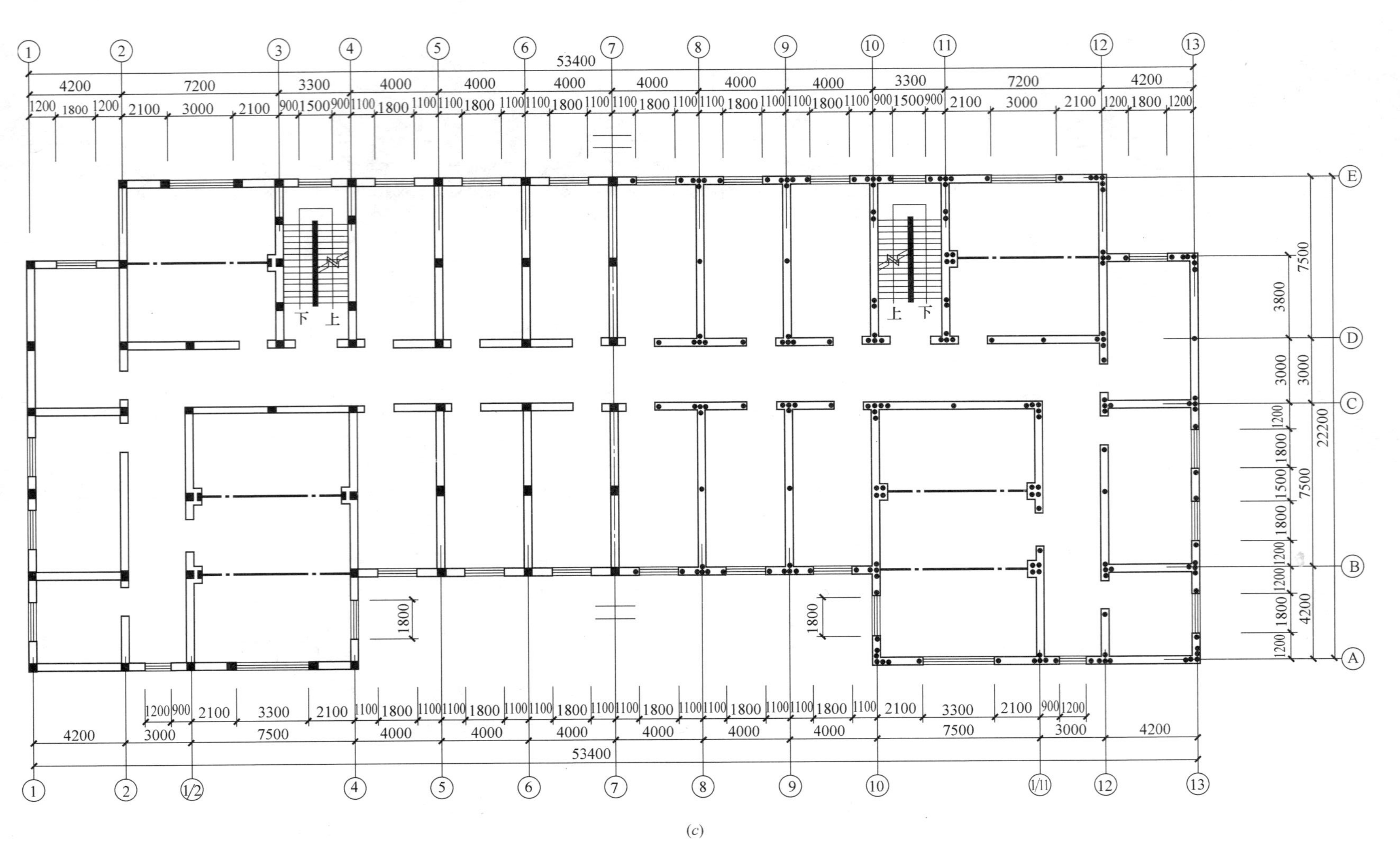

(c)

图 1-1　办公楼构造柱、芯柱设置（三）

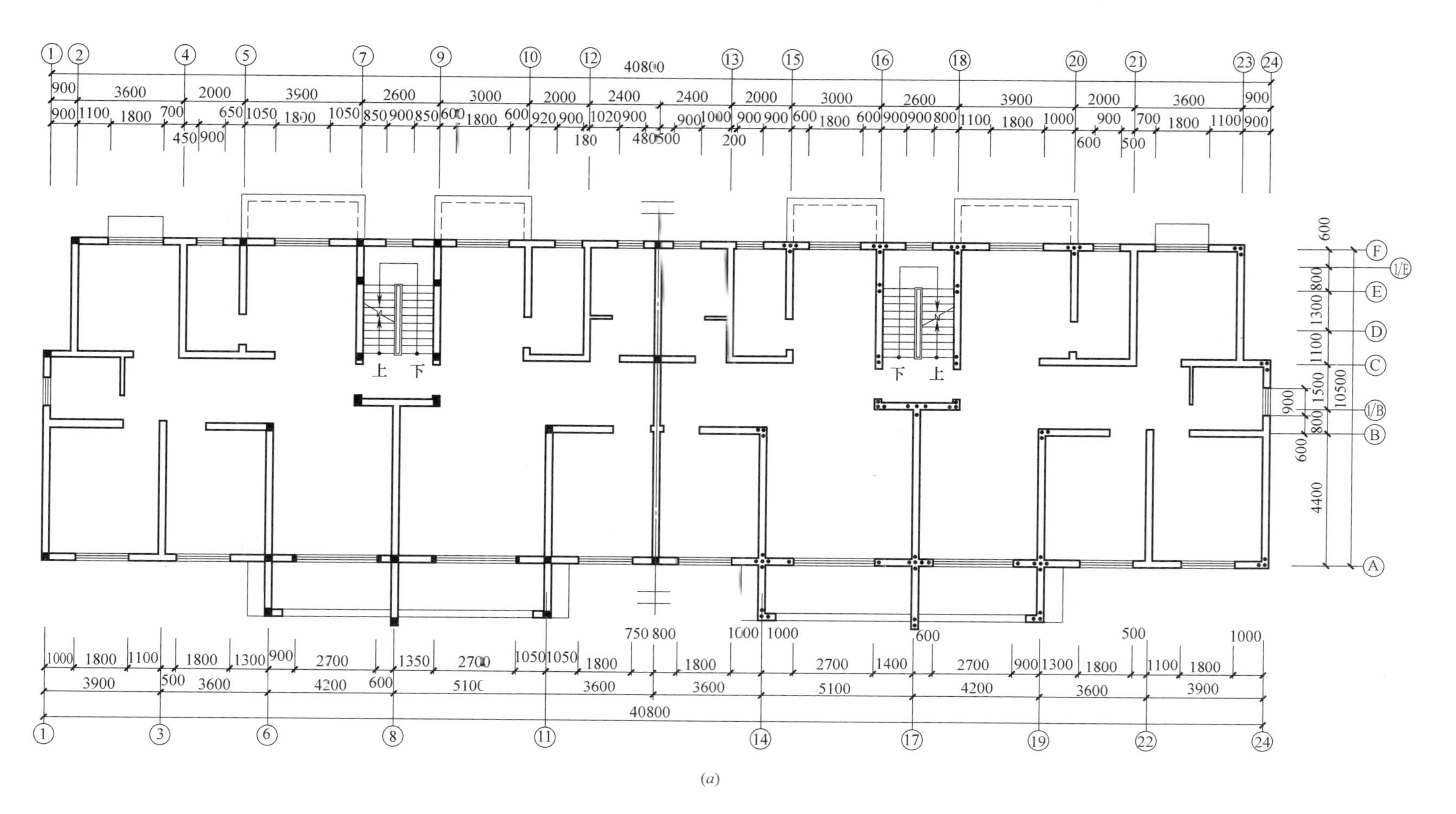

(*a*)

图 1-2　住宅楼构造柱、芯柱设置（一）

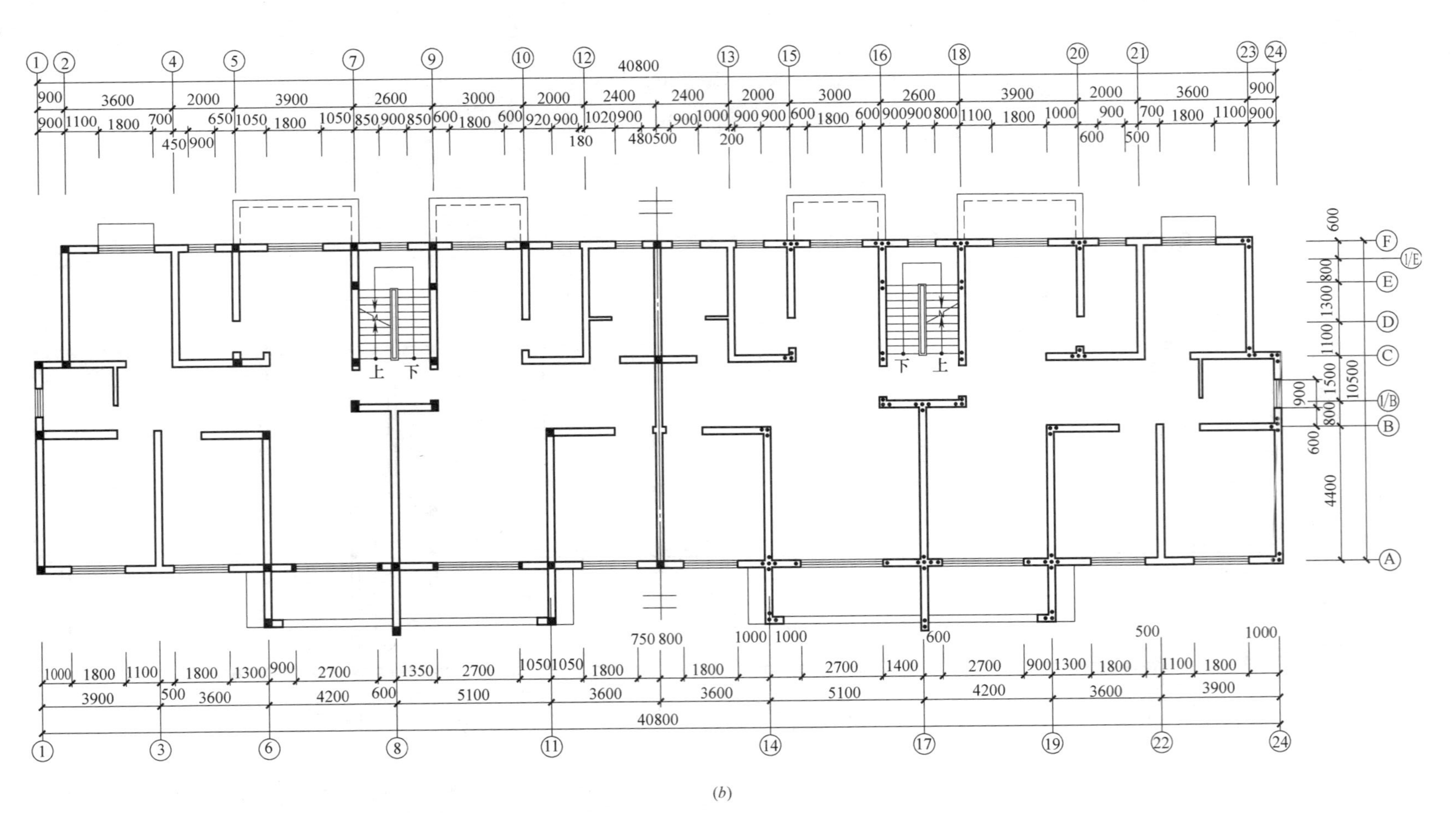

(b)

图 1-2　住宅楼构造柱、芯柱设置（二）

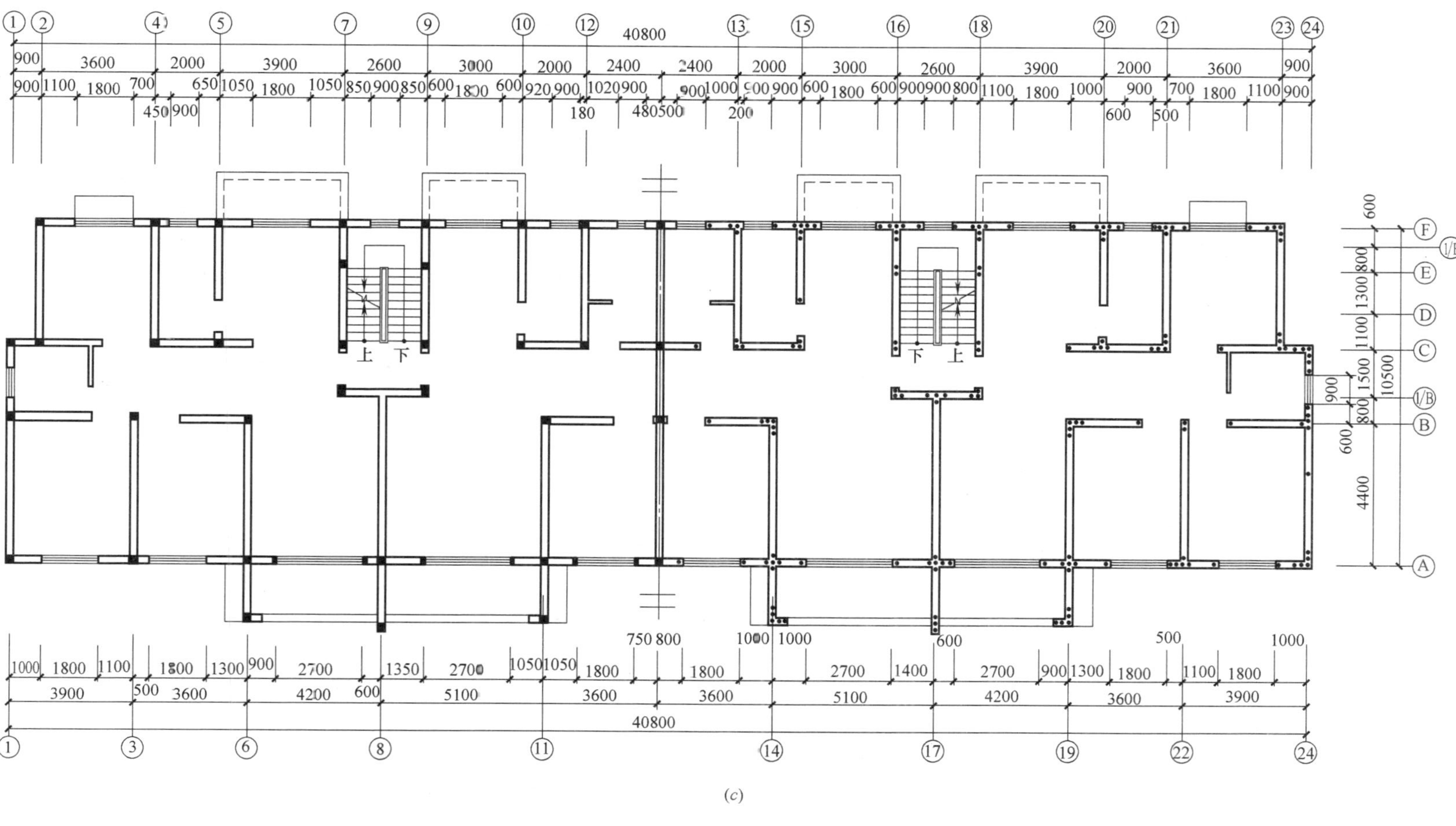

图 1-2　住宅楼构造柱、芯柱设置（三）

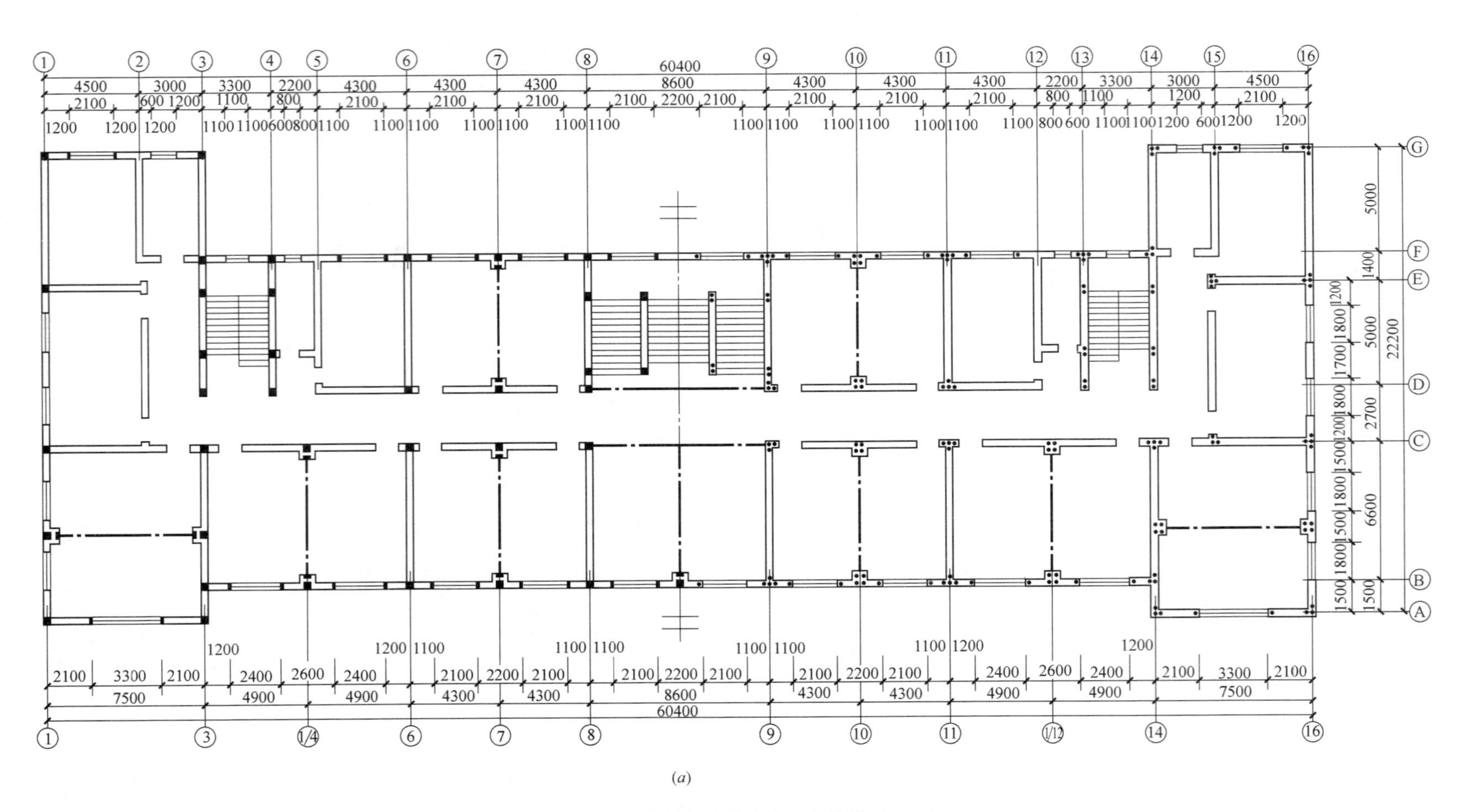

(a)

图 1-3　内廊式教学楼构造柱、芯柱设置（一）

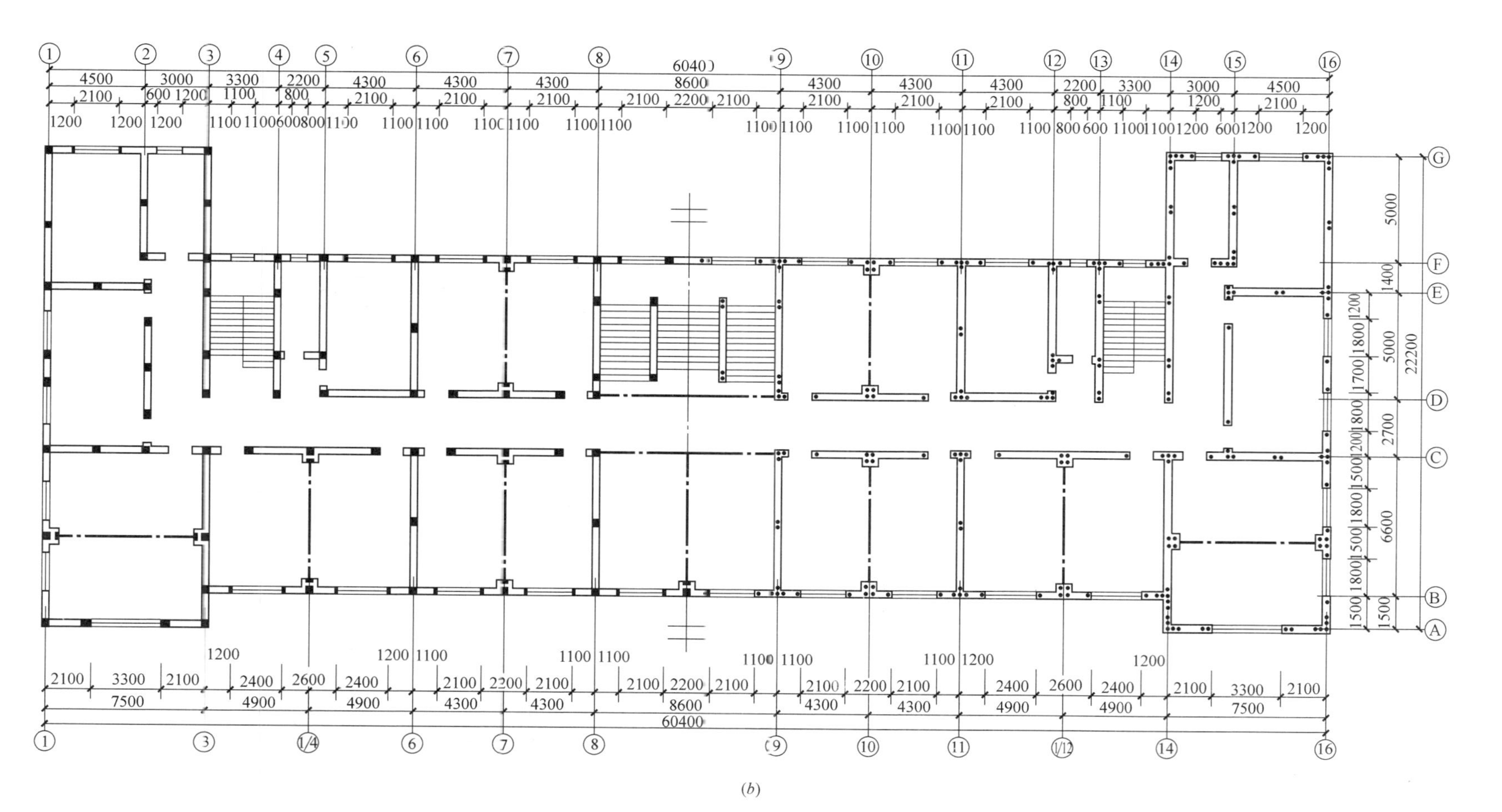

(b)

图 1-3　内廊式教学楼构造柱、芯柱设置（二）

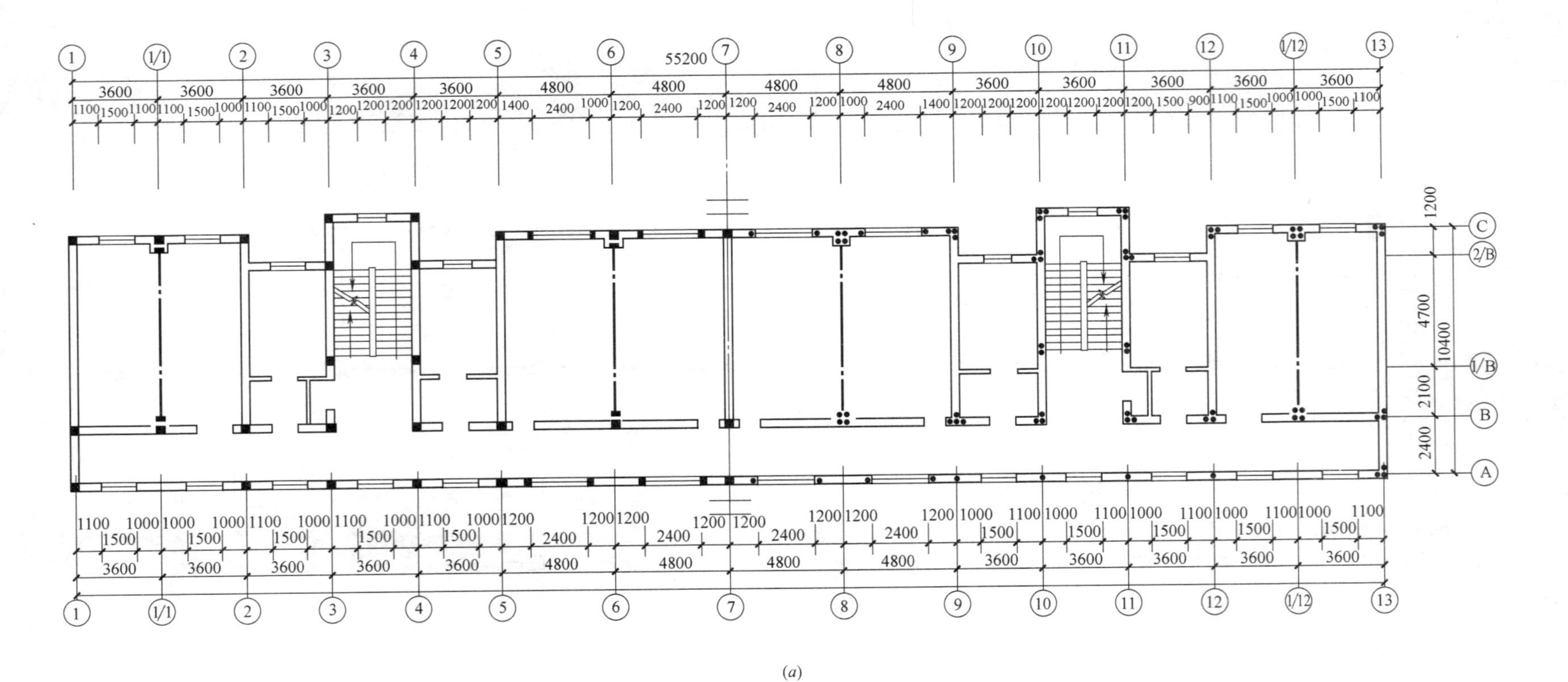

(a)

图 1-4　外廊式教学楼构造柱、芯柱设置（一）

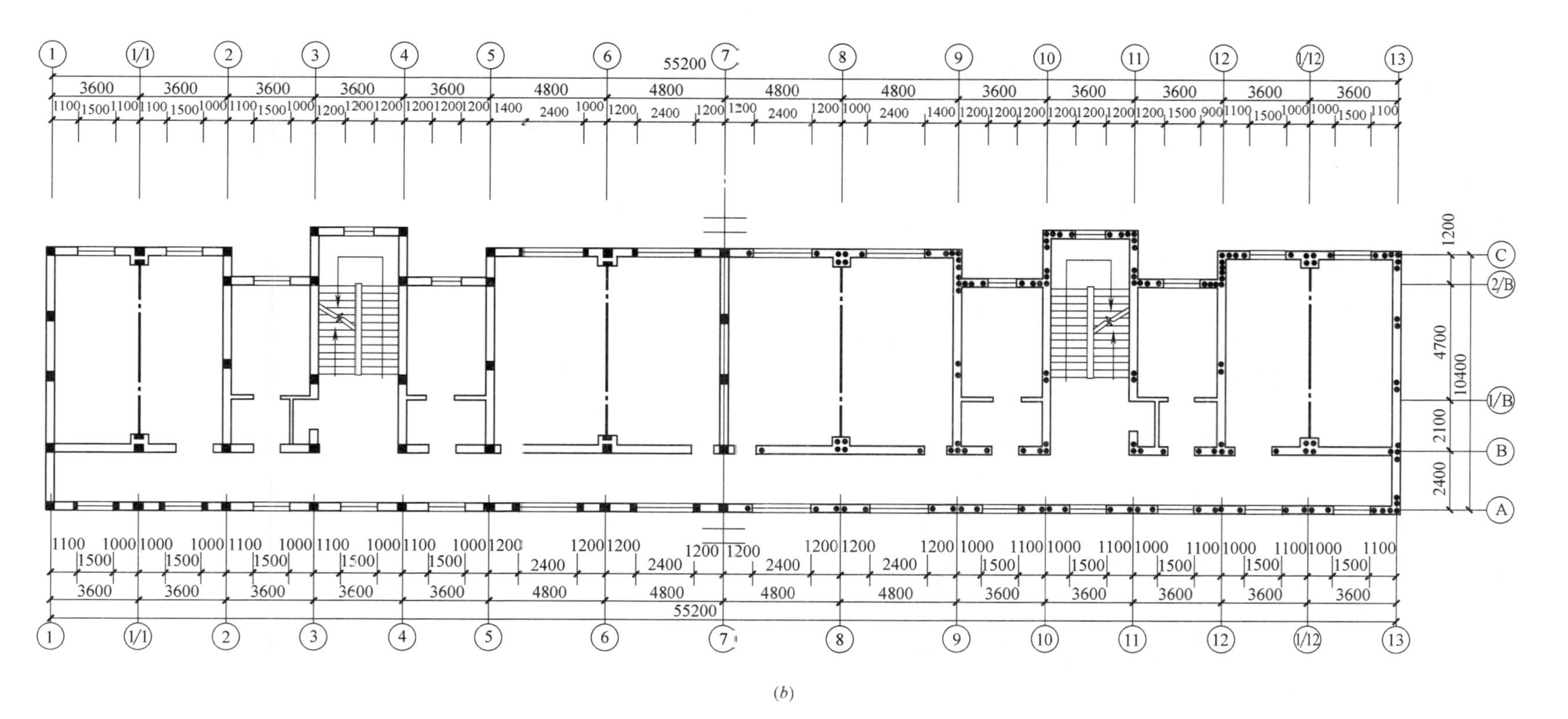

图 1-4　外廊式教学楼构造柱、芯柱设置（二）

（2）图 1-3（b）为砖砌体抗震设防烈度 6、7 度时四层及 8 度时三层，砌块砌体 6 度时四层、7 度时三层及 8 度时两层的中小学教学楼构造柱、芯柱基本设置示例图。

（3）抗震设防烈度为 7 度四层及 8 度三层时芯柱设置还应满足横墙内芯柱间距不大于 2m，外墙转角灌实 7 个孔，内外墙交接处灌实 5 个孔。

（4）为提高墙体抗震受剪承载力而需增设的构造柱、芯柱应按设计计算确定。

1.4 外廊式教学楼构造柱、芯柱设置

外廊式教学楼构造柱、芯柱设置，如图 1-4 所示。

（1）图 1-4（a）为砖砌体抗震设防烈度 6、7 度时不大于三层及 8 度时不大于两层，砌块砌体 6 度时不大于三层、7 度时不大于两层及 8 度时一层的中小学教学楼构造柱、芯柱基本设置示例图。

（2）图 1-4（b）为砖砌体抗震设防烈度 6、7 度时四层及 8 度时三层，砌块砌体 6 度时四层、7 度时三层及 8 度时两层的中小学教学楼构造柱、芯柱基本设置示例图。

（3）抗震设防烈度为 7 度四层及 8 度三层时芯柱设置还应满足横墙内芯柱间距不大于 2m，外墙转角灌实 7 个孔，内外墙交接处灌实 5 个孔。

（4）为提高墙体抗震受剪承载力而需增设的构造柱、芯柱应按设计计算确定。

2　砖砌体房屋构造与应用

2.1　基础构造

1. 扩展基础构造

扩展基础构造，如图 2-1 所示。

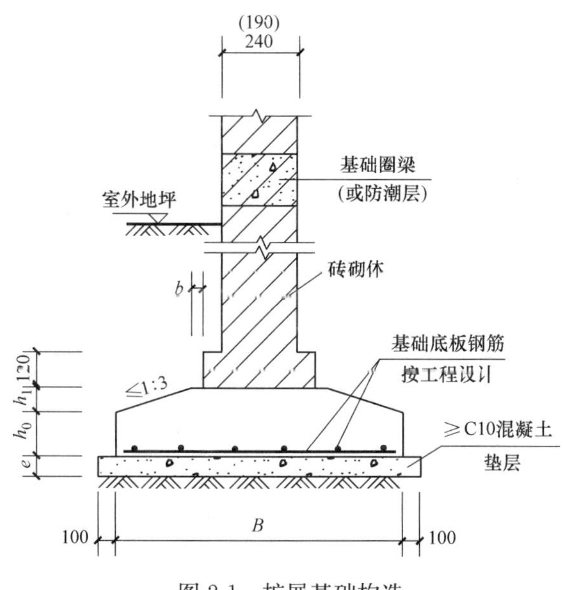

图 2-1　扩展基础构造

扩展基础的构造，应符合下列规定：

（1）锥形基础的边缘高度不宜小于 200mm，且两个方向的坡度不宜大于 1∶3；阶梯形基础的每阶高度，宜为 300～500mm。

（2）垫层的厚度不宜小于 70mm，垫层混凝土强度等级不宜低于 C10。

（3）扩展基础受力钢筋最小配筋率不应小于 0.15%，底板受力钢筋的最小直径不应小于 10mm，间距不应大于 200mm，也不应小于 100mm。墙下钢筋混凝土条形基础纵向分布钢筋的直径不应小于 8mm；间距不应大于 300mm；每延米分布钢筋的面积不应小于受力钢筋面积的 15%。当有垫层时，钢筋保护层的厚度不应小于 40mm；无垫层时不应小于 70mm。

（4）混凝土强度等级不应低于 C20。

（5）当柱下钢筋混凝土独立基础的边长和墙下钢筋混凝土条形基础的宽度大于或等于 2.5m 时，底板受力钢筋的长度可取边长或宽度的 0.9 倍，并宜交错布置，如图 2-2 所示。

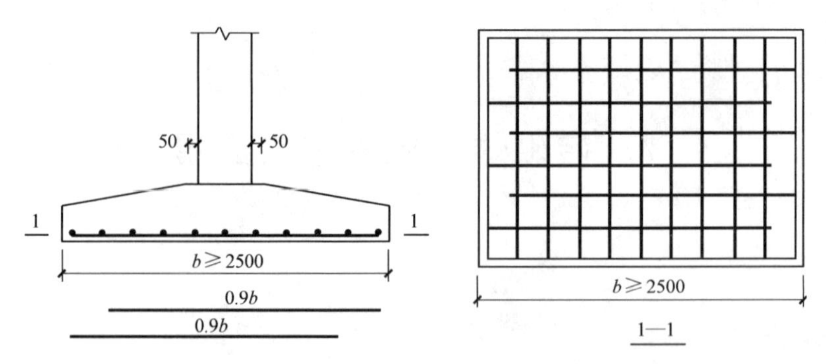

图 2-2　柱下独立基础底板受力钢筋布置

（6）钢筋混凝土条形基础底板在 T 形及十字形交接处，底板横向受力钢筋仅沿一个主要受力方向通长布置，另一方向的横向受力钢筋可布置到主要受力方向底板宽度 1/4 处，如图 2-3 所示。在拐角处底板横向受力钢筋应沿两个方向布置，如图 2-3 所示。

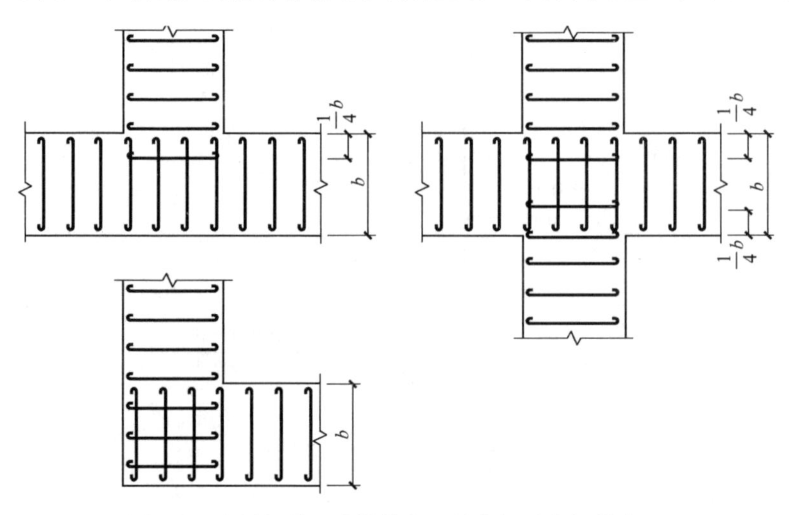

图 2-3　墙下条形基础纵横交叉处底板受力钢筋布置

2. 混凝土基础和砖基础构造

混凝土基础和砖基础构造，如图 2-4 所示。

基础材料要求及无筋扩展基础高宽比允许值，如表 2-1 所示。

基础材料要求及无筋扩展基础高宽比允许值（tanα）　　**表 2-1**

基础类别	基土的潮湿程度	烧结普通砖	混凝土普通砖 蒸压普通砖	水泥砂浆	$\tan\alpha(\alpha_1、\alpha_2)$
砖基础	稍潮湿的	≥MU15	≥MU20	≥M5	1∶1.50
	很潮湿的	≥MU20	≥MU20	≥M7.5	
	含水饱和的	≥MU20	≥MU25	≥M10	
混凝土基础	—	混凝土强度等级≥C20			1∶1.00

注：对于混凝土基础，在荷载效应标准组合下基础底面的平均压力 p_k：当 200kPa<p_k≤300kPa 时，$\tan\alpha_1$≤1∶1.25；p_k≤200kPa 时，$\tan\alpha_2$≤1∶1.00。

3. 构造柱与基础的连接

构造柱与基础的连接，如图 2-5 所示。

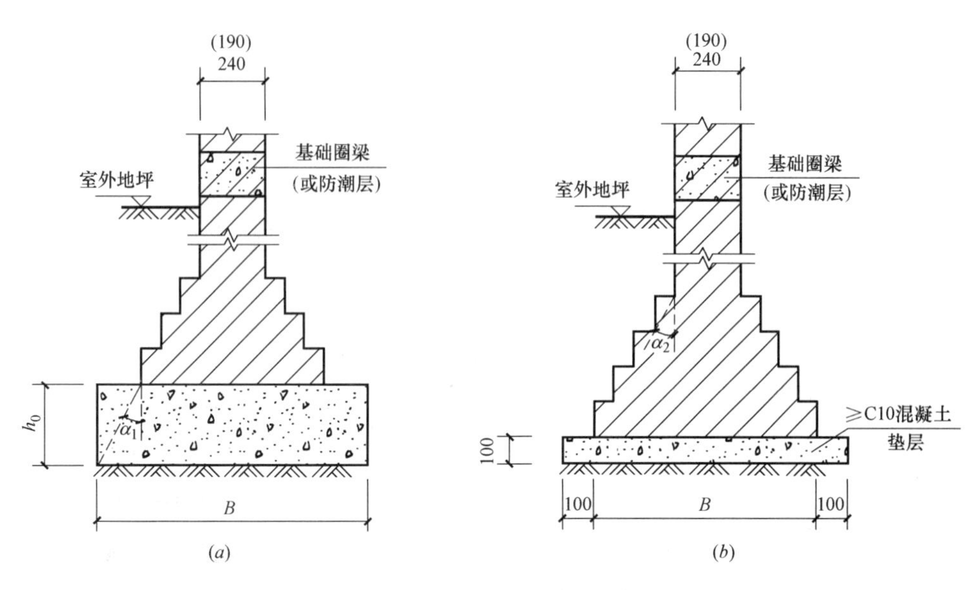

图 2-4　混凝土基础和砖基础构造

(*a*) 混凝土基础；(*b*) 砖基础

(1) 高宽比较大或层数和高度接近规定限值构造柱处墙体需搁置梁时，构造柱的纵筋宜锚入基础内。

(2) 基础墙拉结采用 2ϕ6 水平筋与 ϕ4@250 的分布短钢筋平面内点焊而成的钢筋网片或 ϕ4 点焊钢筋网片，沿墙高每隔 500mm 通长设置。

(3) 基础圈梁的截面高度不应小于 120mm，当基础需要加强时，基础圈梁截面高度不应小于 180mm，纵筋不少于 4ϕ12，箍筋不小于 ϕ8@150。

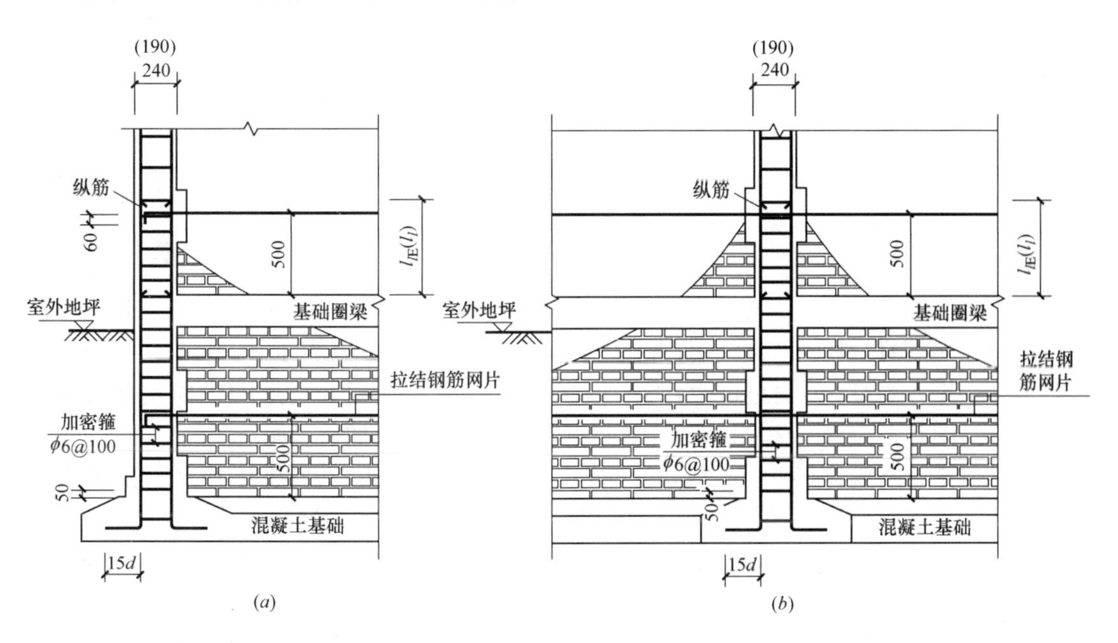

图 2-5　构造柱与基础的连接（一）

(*a*) 伸入混凝土基础（边柱）；(*b*) 伸入混凝土基础（中柱）

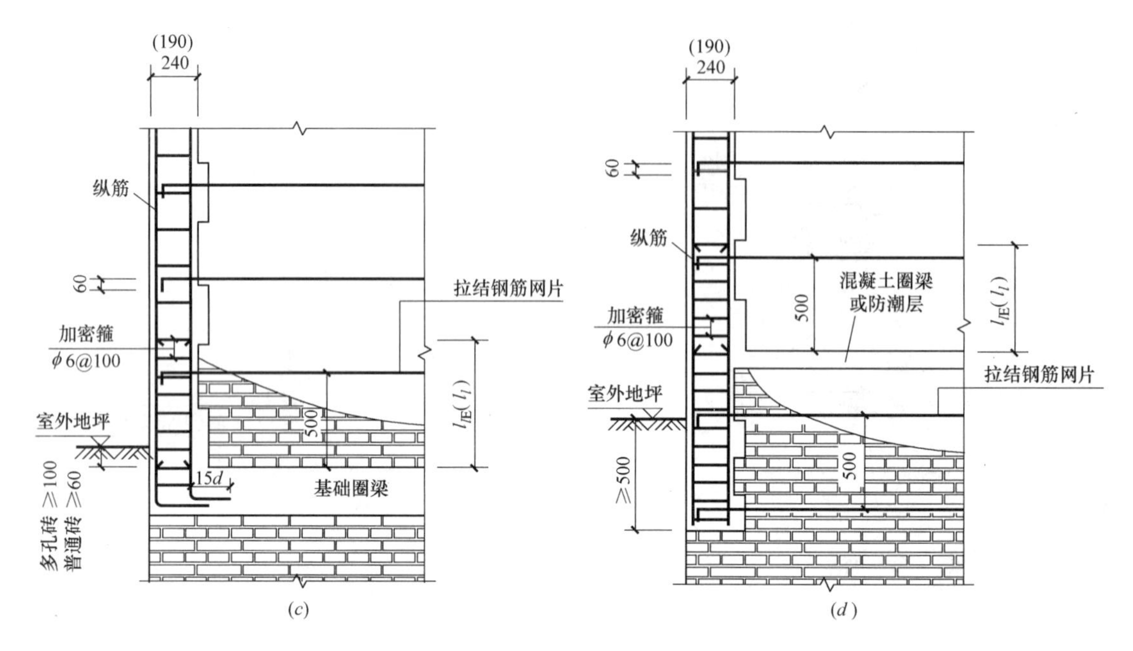

图 2-5　构造柱与基础的连接（二）

（*c*）伸入基础圈梁；（*d*）伸入室外地面下

（4）基础圈梁钢筋的设置要求，如表 2-2 所示。

基础圈梁钢筋设置要求　　**表 2-2**

配　筋	抗震设防烈度			
	非抗震	6 度、7 度	8 度	8 度乙类
最小纵筋	4φ10	4φ10	4φ12	4φ14
箍筋直径/mm	≥6	≥6	≥6	≥6
箍筋间距/mm	≤300	≤250	≤200	≤150

4．构造柱与拉结钢筋网片立面

构造柱立面，如图 2-6 所示。

（1）构造柱的最小截面可为 180mm×240mm（墙厚 190mm 时为 180mm×190mm）；构造柱纵向钢筋宜采用 4φ12，箍筋直径可采用 6mm，间距不宜大于 250mm，且在柱上、下端适当加密；当 6、7 度超过六层、8 度超过五层和 9 度时，构造柱纵向钢筋宜采用 4φ14，箍筋间距不应大于 200mm；房屋四角的构造柱应适当加大截面及配筋。

（2）构造柱与墙连接处应砌成马牙槎，沿墙高每隔 500mm 设 2φ6 水平钢筋和 φ4 分布短筋平面内点焊组成的拉结网片或 φ4 点焊钢筋网片，每边伸入墙内不宜小于 1m。6、7 度时，底部 1/3 楼层，8 度时底部 1/2 楼层，9 度时全部楼层，上述拉结钢筋网片应沿墙体水平通长设置。

（3）构造柱与圈梁连接处，构造柱的纵筋应在圈梁纵筋内侧穿过，保证构造柱纵筋上下贯通。

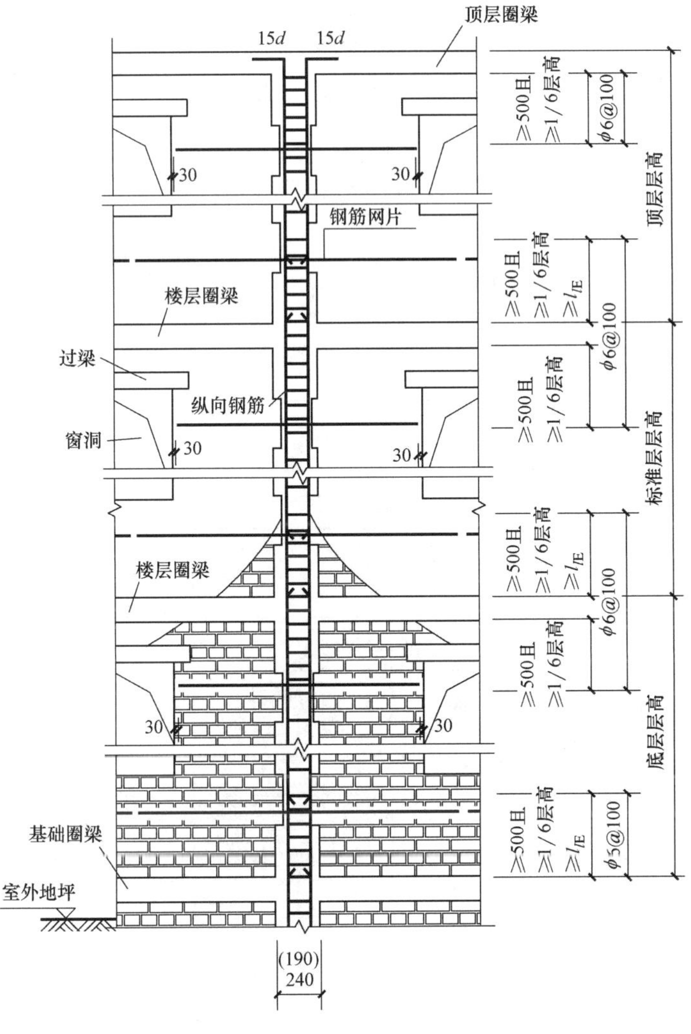

图 2-6　构造柱立面

5. 加强构造柱与拉结钢筋网片立面

加强构造柱立面，如图 2-7 所示。

(1) 墙段两端设有符合现行国家标准《建筑抗震设计规范》(GB 50011—2010) 要求的构造柱，且墙肢两端及中部构造柱的间距不大于层高或 3.0m，较大洞口两侧应设置构造柱；构造柱最小截面尺寸不宜小于 240mm×240mm (墙厚 190mm 时为 240mm×190mm)，边柱和角柱的截面宜适当加大；构造柱的纵筋和箍筋设置宜符合表 2-3 的要求。

构造柱的纵筋和箍筋设置要求　　表 2-3

位置	纵向钢筋			箍　筋		
	最大配筋率/%	最小配筋率/%	最小直径(mm)	加密区范围(mm)	加密区间距(mm)	最小直径(mm)
角柱	1.8	0.8	14	全高	100	6
边柱			14	上端 700		
中柱	1.4	0.6	12	下端 500		

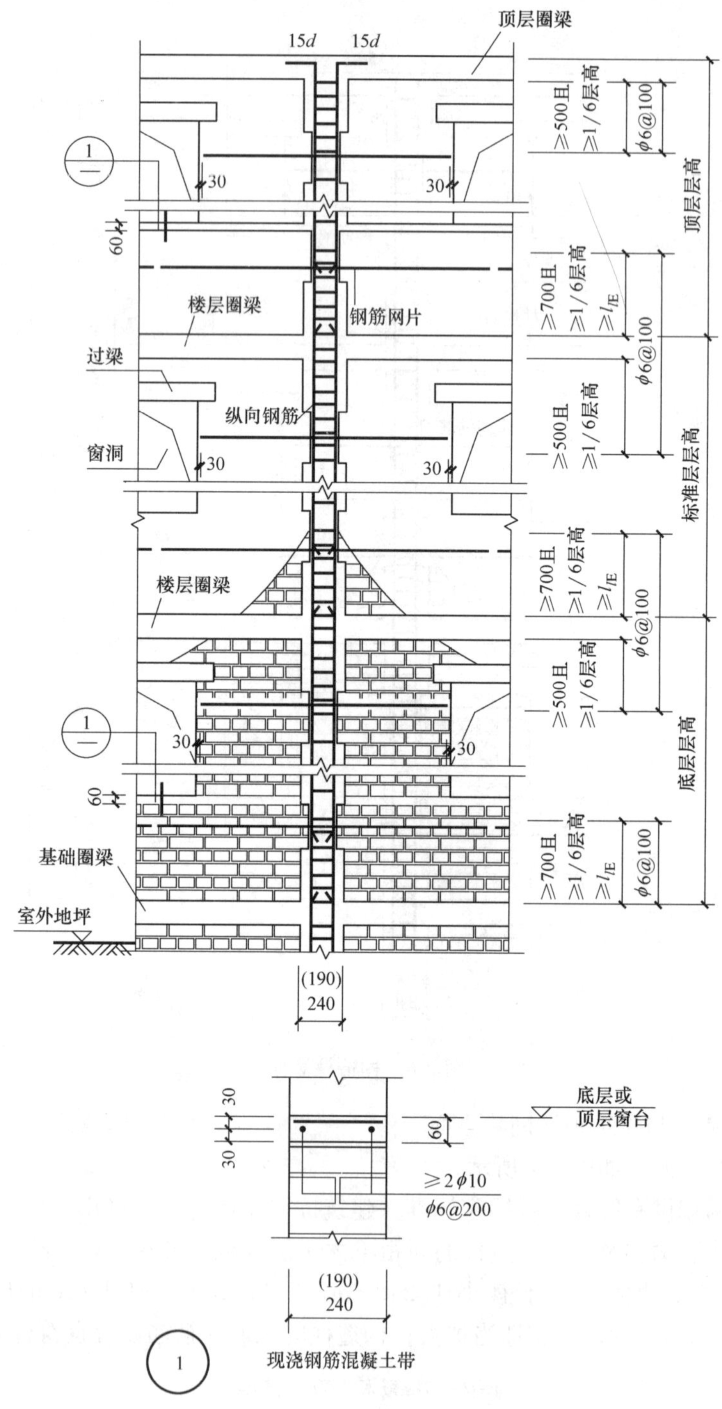

图 2-7　加强构造柱立面

（2）墙体在楼、屋盖标高处均设置满足现行国家标准《建筑抗震设计规范》（GB 50011—2010）要求的圈梁，上部各楼层处圈梁截面高度不宜小于 150mm，圈梁纵向钢筋应采用强度等级不低于 HRB335 的钢筋，6、7 度时不小于 4ϕ10；8 度时不小于 4ϕ12；9 度时不小于 4ϕ14；箍筋不小于 ϕ6。

2.2 墙体拉结构造

1. 墙体拉结

墙体拉结，如图 2-8 所示。

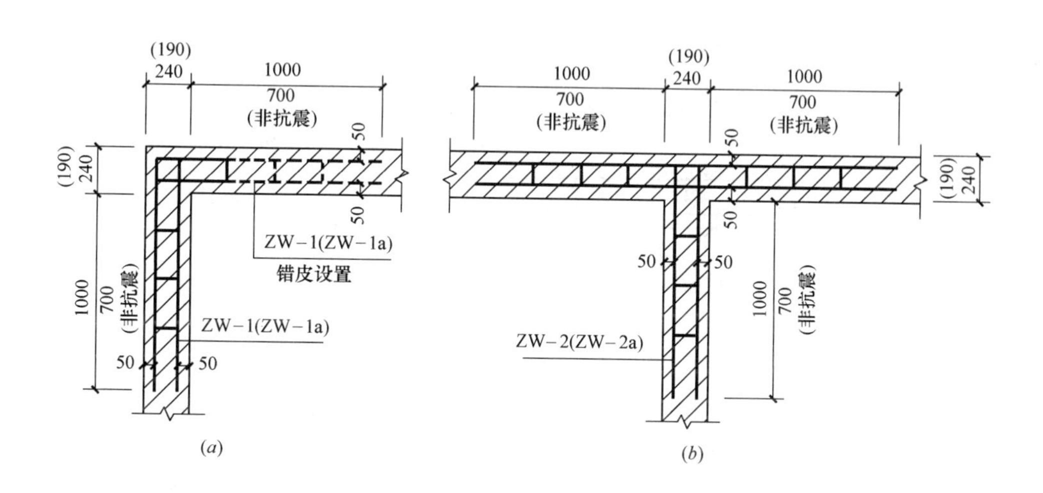

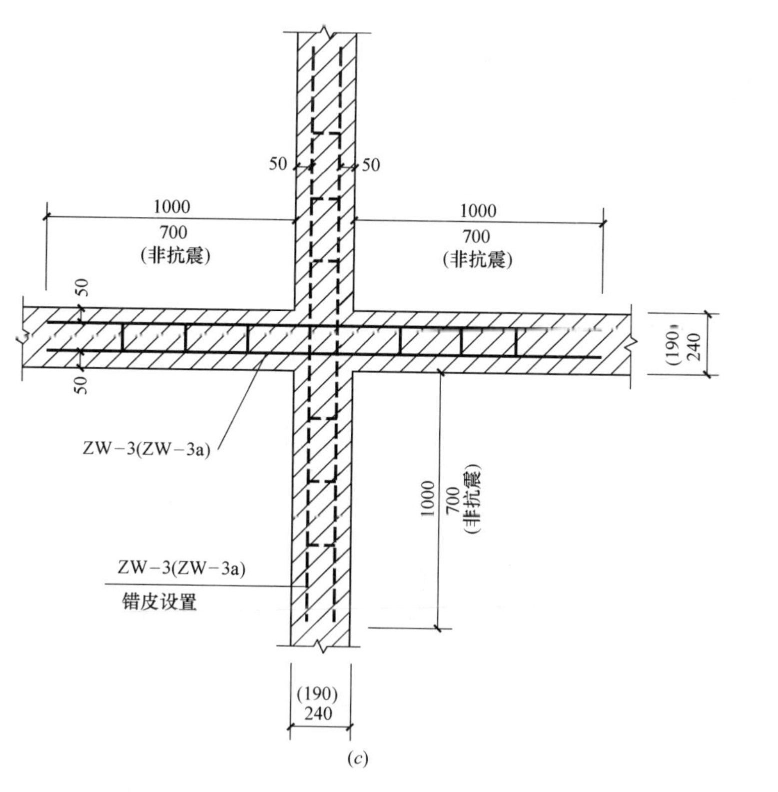

图 2-8 墙体拉结（一）

(a) 转角墙；(b) 丁字墙；(c) 十字墙

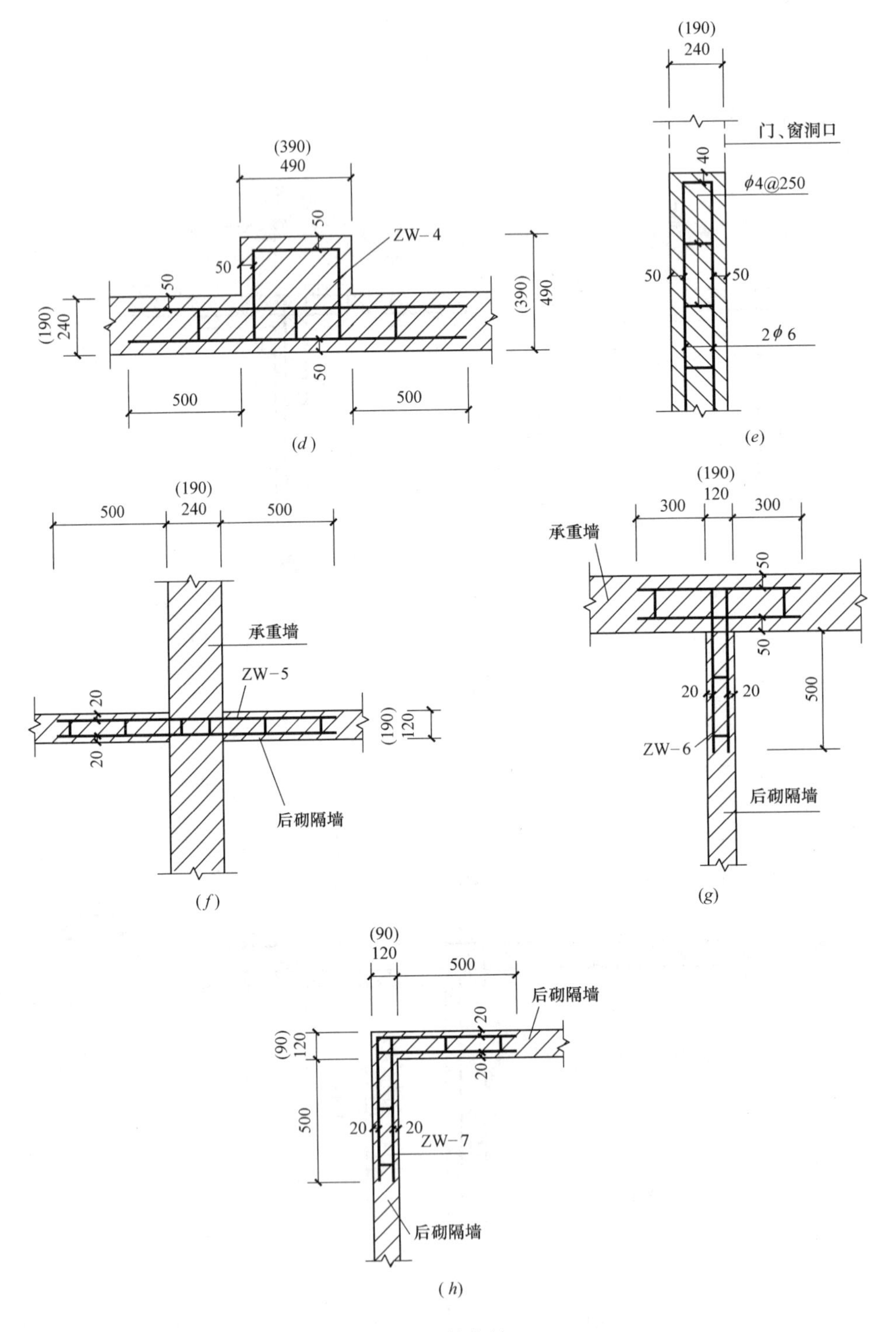

图 2-8 墙体拉结（二）

（*d*）扶壁柱拉结；（*e*）门窗洞口处；（*f*）与隔墙两侧拉结；（*g*）与隔墙一侧拉结；（*h*）隔墙拉结

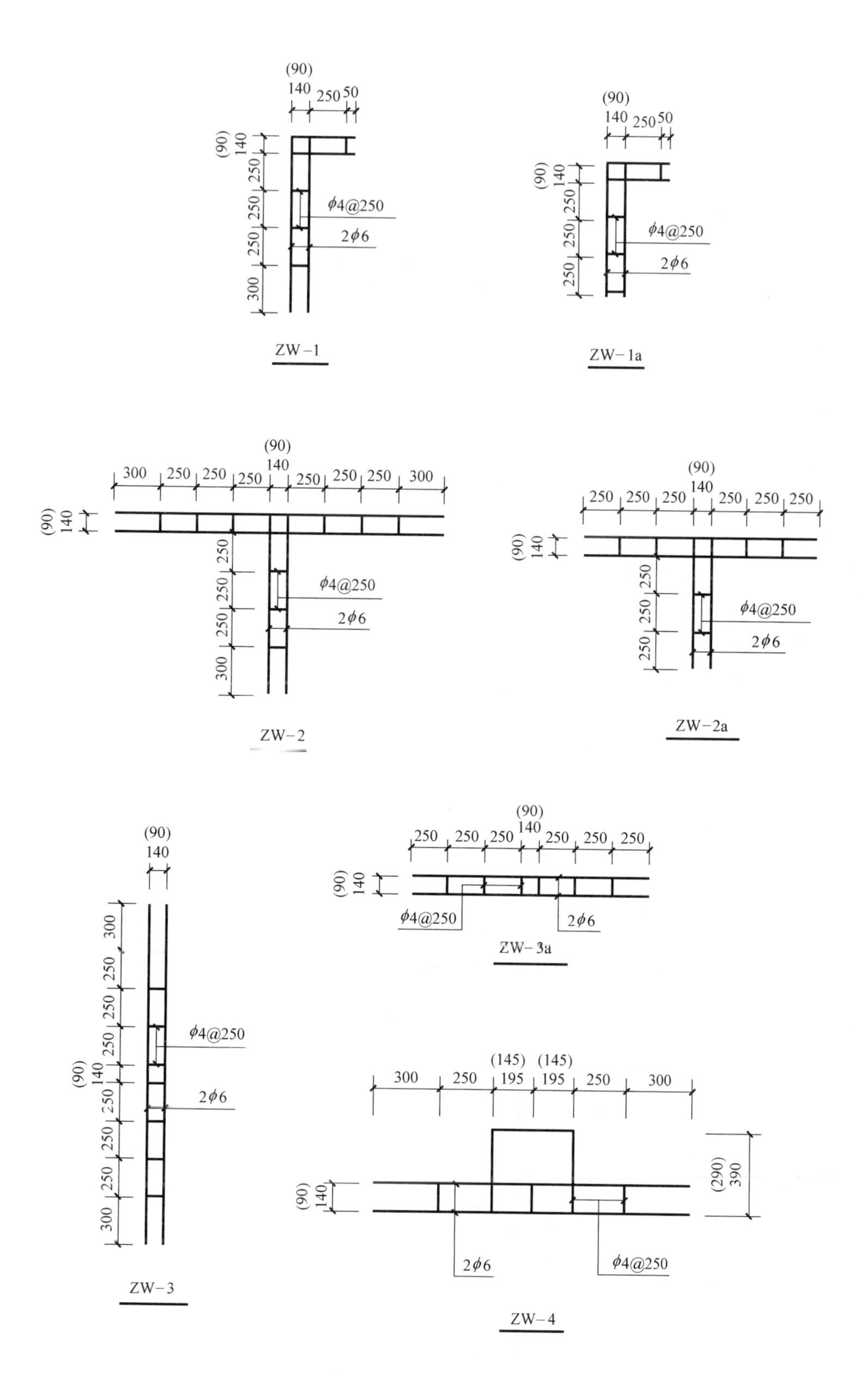
(90)
140
250
50
300
ϕ4@250
2ϕ6
ZW-1
ZW-1a
ZW-2
ZW-2a
ZW-3
ZW-3a
(145)
195
(290)
390
ZW-4

图 2-8　墙体拉结（三）

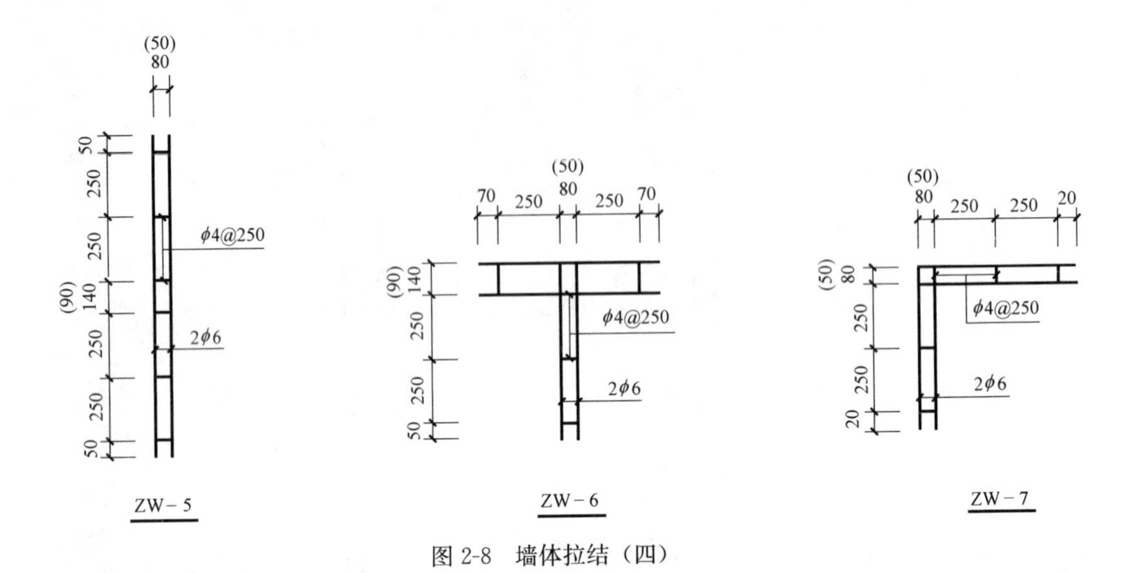

图 2-8 墙体拉结（四）

墙体转角处和纵横墙交接处应沿竖向每隔 400～500mm 设拉结钢筋，其数量为每 120mm 墙厚不少于 1 根直径 6mm 的钢筋；或采用焊接钢筋网片，埋入长度从墙的转角或交接处算起，对实心砖墙每边不小于 500mm，对多孔砖墙和砌块墙不小于 700mm。

2. 构造柱与墙拉结

构造柱与墙拉结，如图 2-9 所示。

砖砌体与构造柱的连接处应砌成马牙槎，并应沿墙高每隔 500mm 设 2 根直径 6mm 的拉结钢筋，且每边伸入墙内不宜小于 600mm。

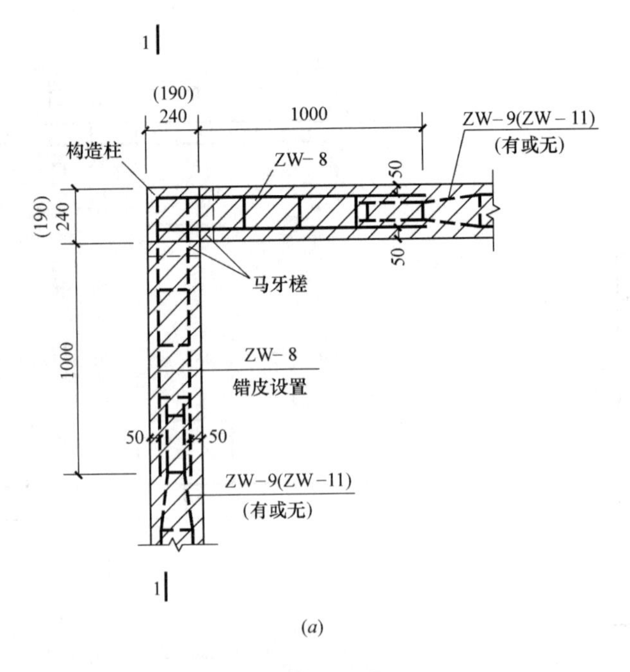

图 2-9 构造柱与墙拉结（一）

（a）转角墙

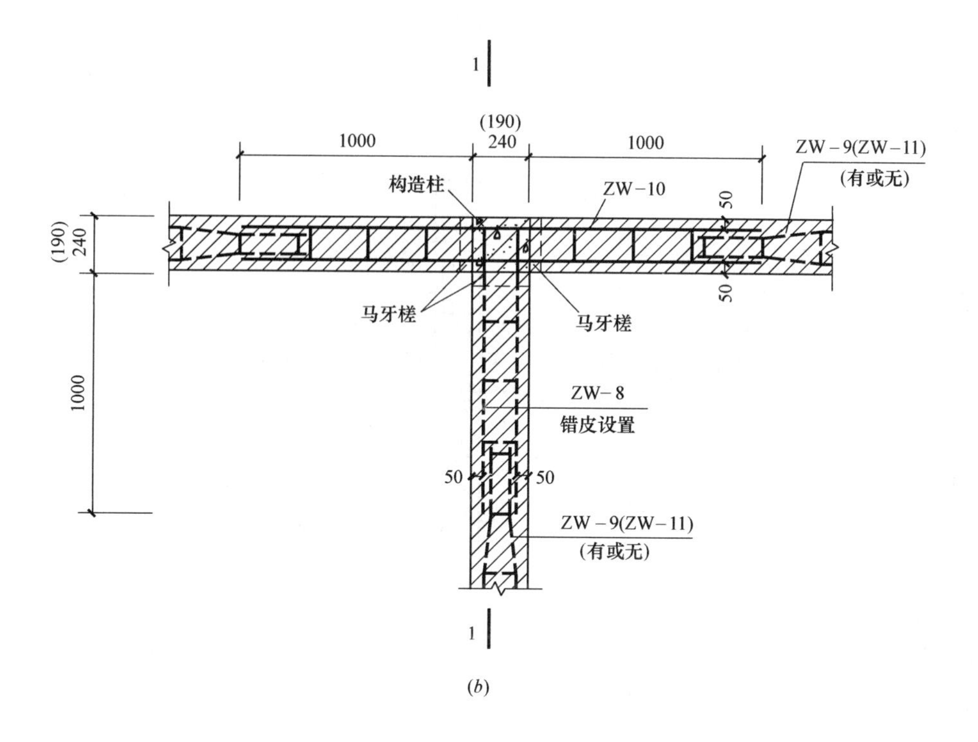

(*b*)

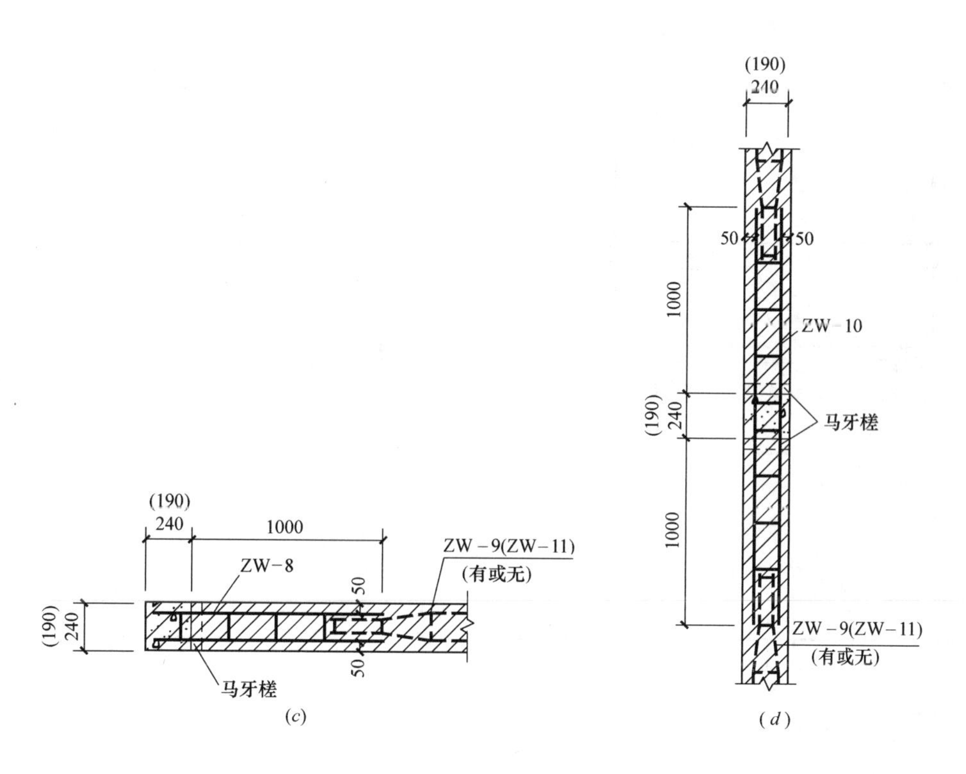

(*c*)

(*d*)

图 2-9　构造柱与墙拉结（二）

（*b*）丁字墙；（*c*）一字墙端部；（*d*）一字墙

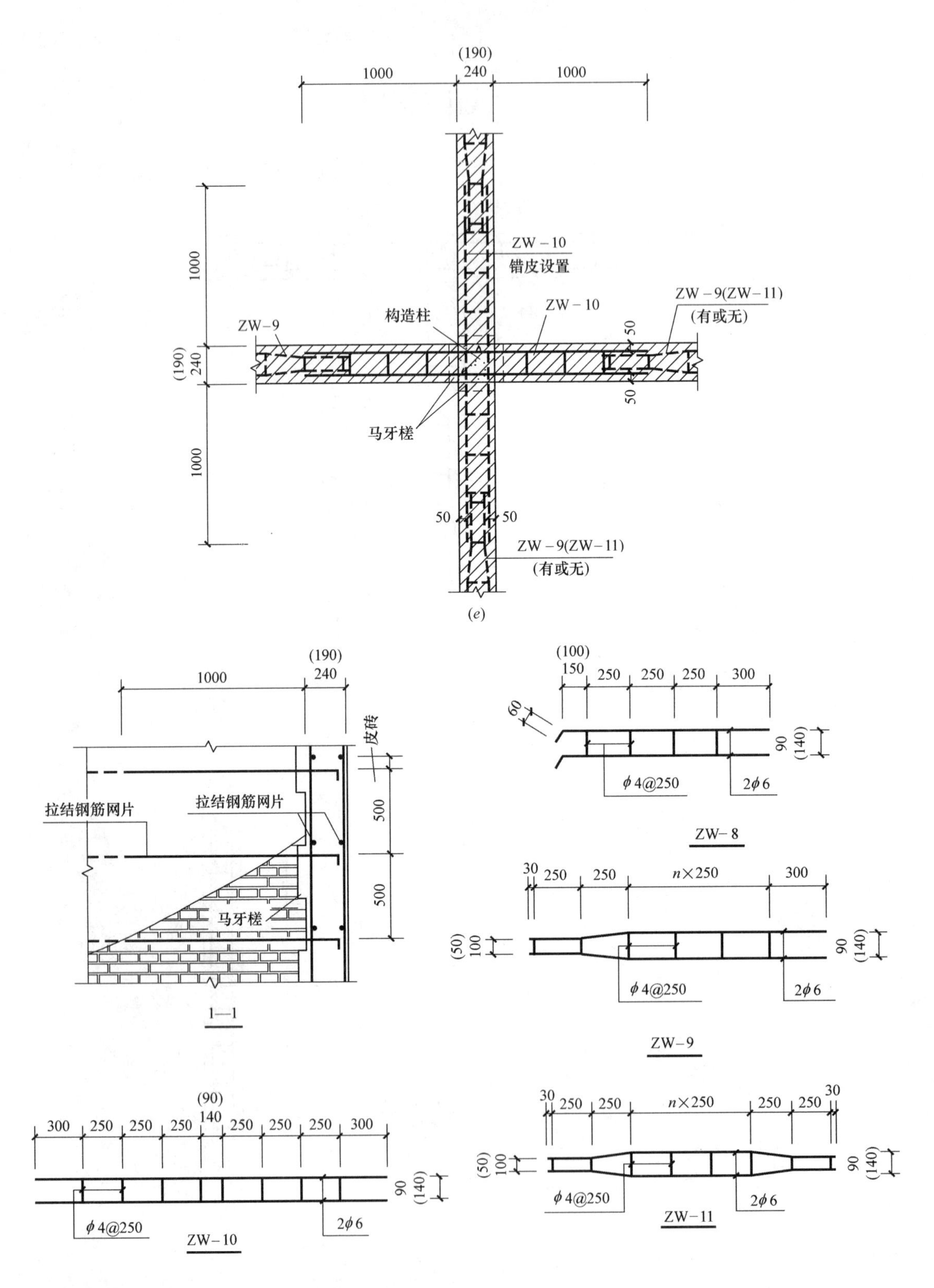

图 2-9　构造柱与墙拉结（三）

（e）十字墙

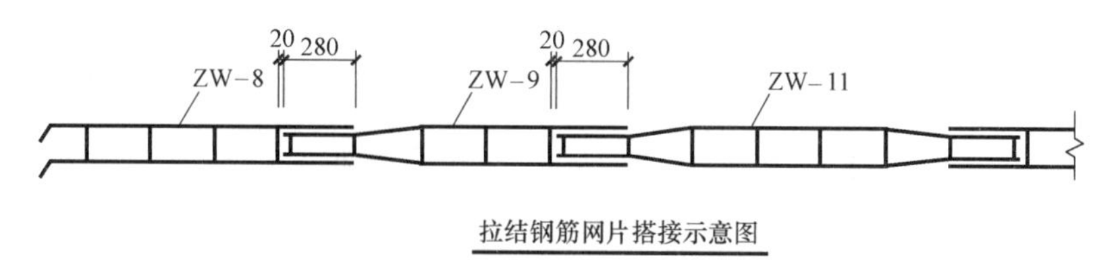

图 2-9　构造柱与墙拉结（四）

2.3　柱与梁连接构造

1. 构造柱与现浇梁连接

构造柱与现浇梁节点，如图 2-10 所示。

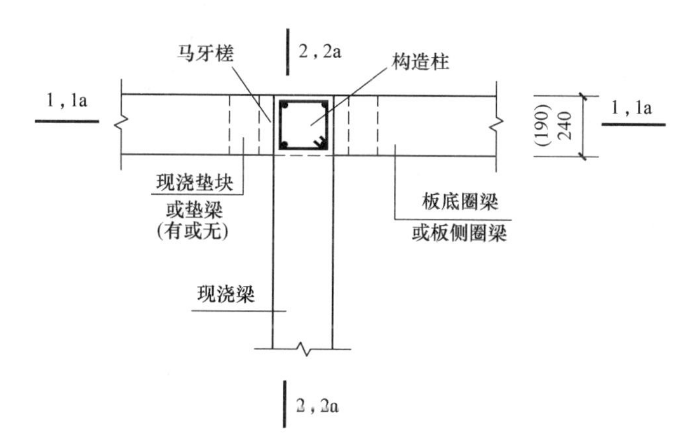

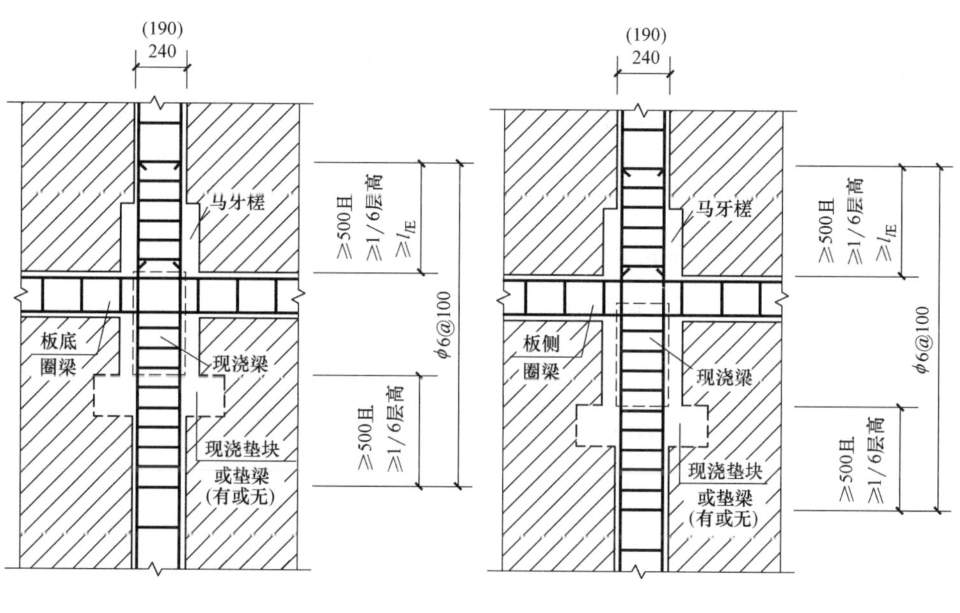

图 2-10　构造柱与现浇梁节点（一）

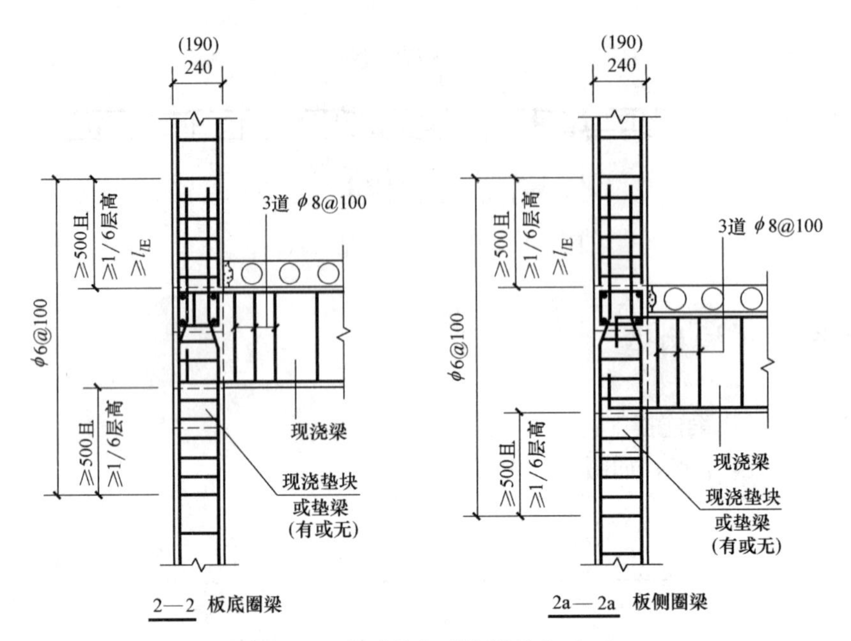

图 2-10 构造柱与现浇梁节点（二）

（1）梁下是否需要设置垫块或垫梁，应按实际工程设计计算确定。

（2）梁纵筋的锚固长度应满足 l_{aE}（l_a）的要求，见表 2-4 的规定。

钢筋的锚固长度 **表 2-4**

钢筋种类	混凝土强度等级			
	C20	C25	C30	C35
HPB300 热轧光圆钢筋	39*d*	34*d*	30*d*	28*d*
HRB335 热轧带肋钢筋	38*d*	33*d*	29*d*	27*d*
HRB400 热轧带肋钢筋	—	40*d*	35*d*	32*d*

注：1. 表中 *d* 为受力钢筋的公称直径。

2. 任何情况下，受拉钢筋的锚固长度不应小于 200mm。

3. 构造柱、圈梁内纵筋及墙体水平配筋带钢筋的锚固长度 $l_{aE}=l_a$；搭接长度 l_{lE}可取 $1.2l_a$。

2. 构造柱与预制梁连接

构造柱与预制梁节点，如图 2-11 所示。

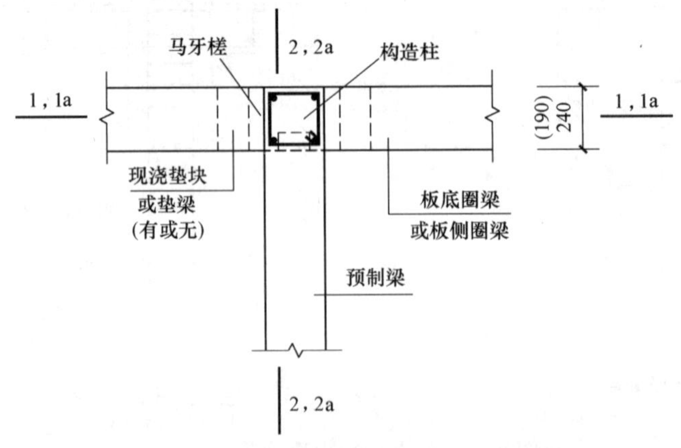

图 2-11 构造柱与预制梁节点（一）

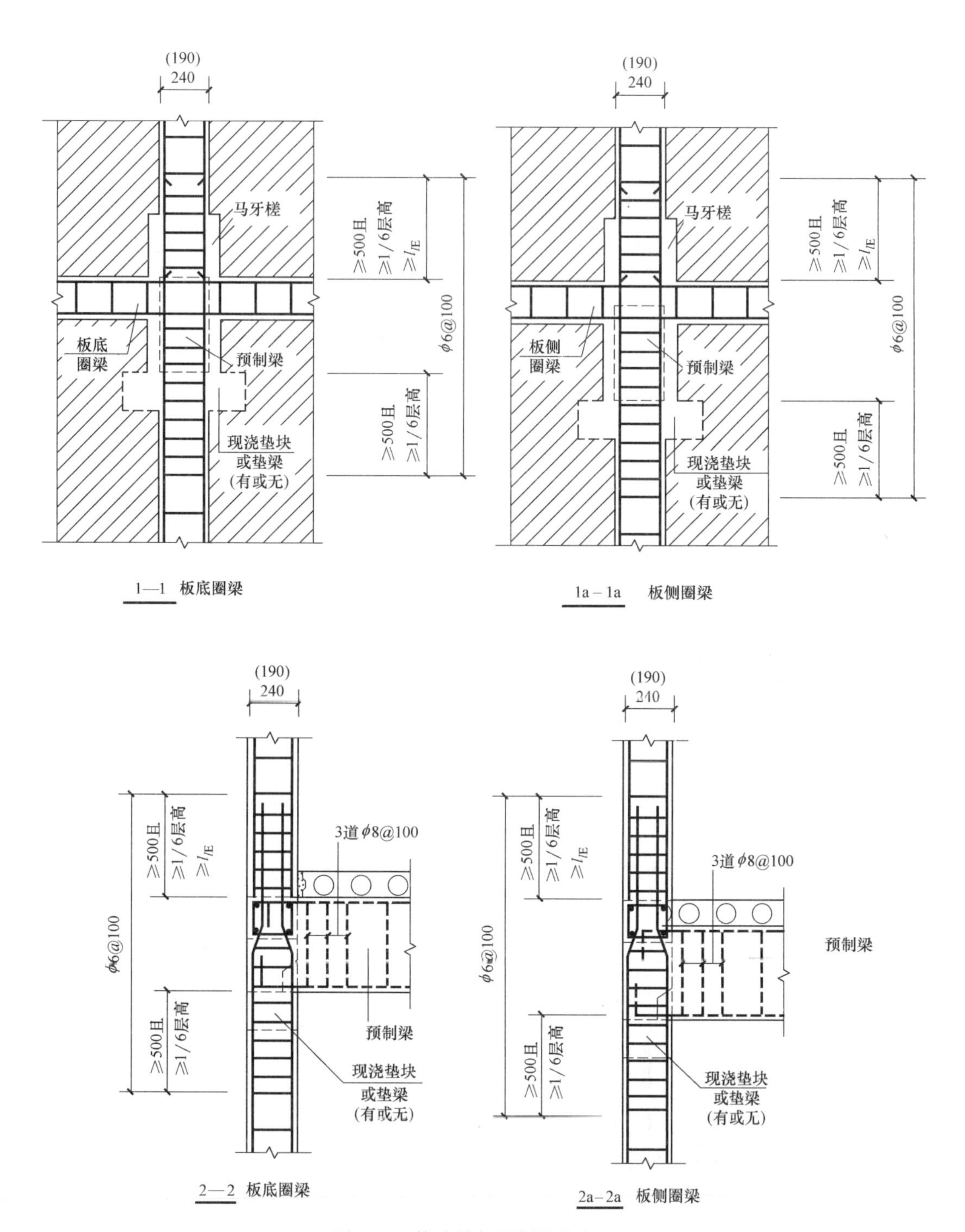

图 2-11 构造柱与预制梁节点（二）

（1）梁下是否需要设置垫块或垫梁，应按实际工程设计计算确定。

（2）梁纵筋的锚固长度应满足 l_{aE}（l_a）的要求，见表 2-4 的规定。

3. 组合砖柱与现浇梁连接

组合砖柱与现浇梁节点，如图 2-12 所示。

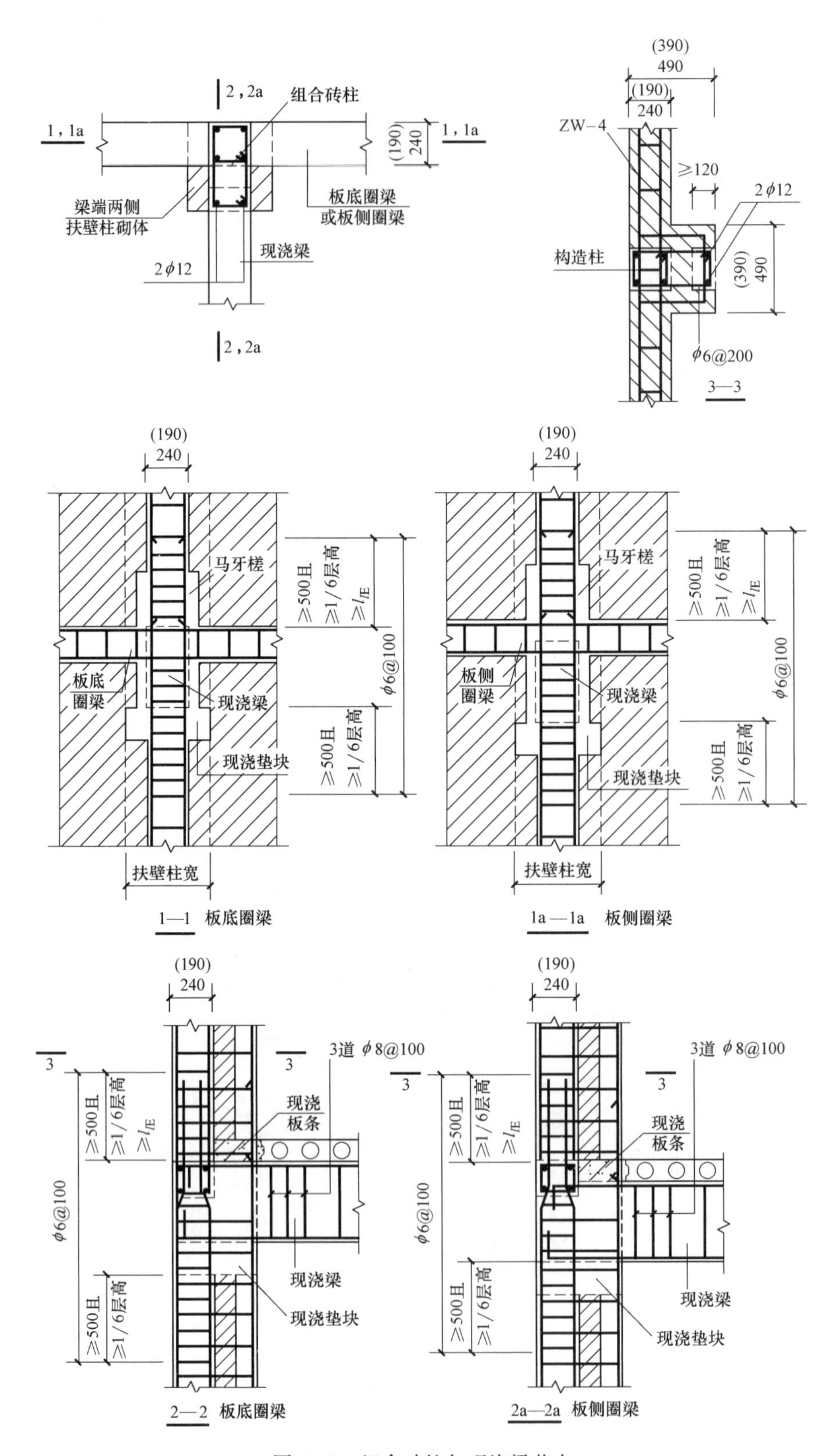

图 2-12 组合砖柱与现浇梁节点

(1) 梁下是否需要设置垫块或垫梁，应按实际工程设计计算确定。

(2) 梁纵筋的锚固长度应满足 l_{aE}（l_a）的要求，见表 2-4 的规定。

4. 组合砖柱与预制梁连接

组合砖柱与预制梁节点，如图 2-13 所示。

(1) 预制梁梁端箍筋间距宜加密。

(2) 垫块计算面积应取壁柱范围内的面积，不计翼缘部分。

(3) 梁下是否需要设置垫块或垫梁，应按实际工程设计计算确定。

(4) 梁纵筋的锚固长度应满足 l_{aE}（l_a）的要求，见表 2-4 的规定。

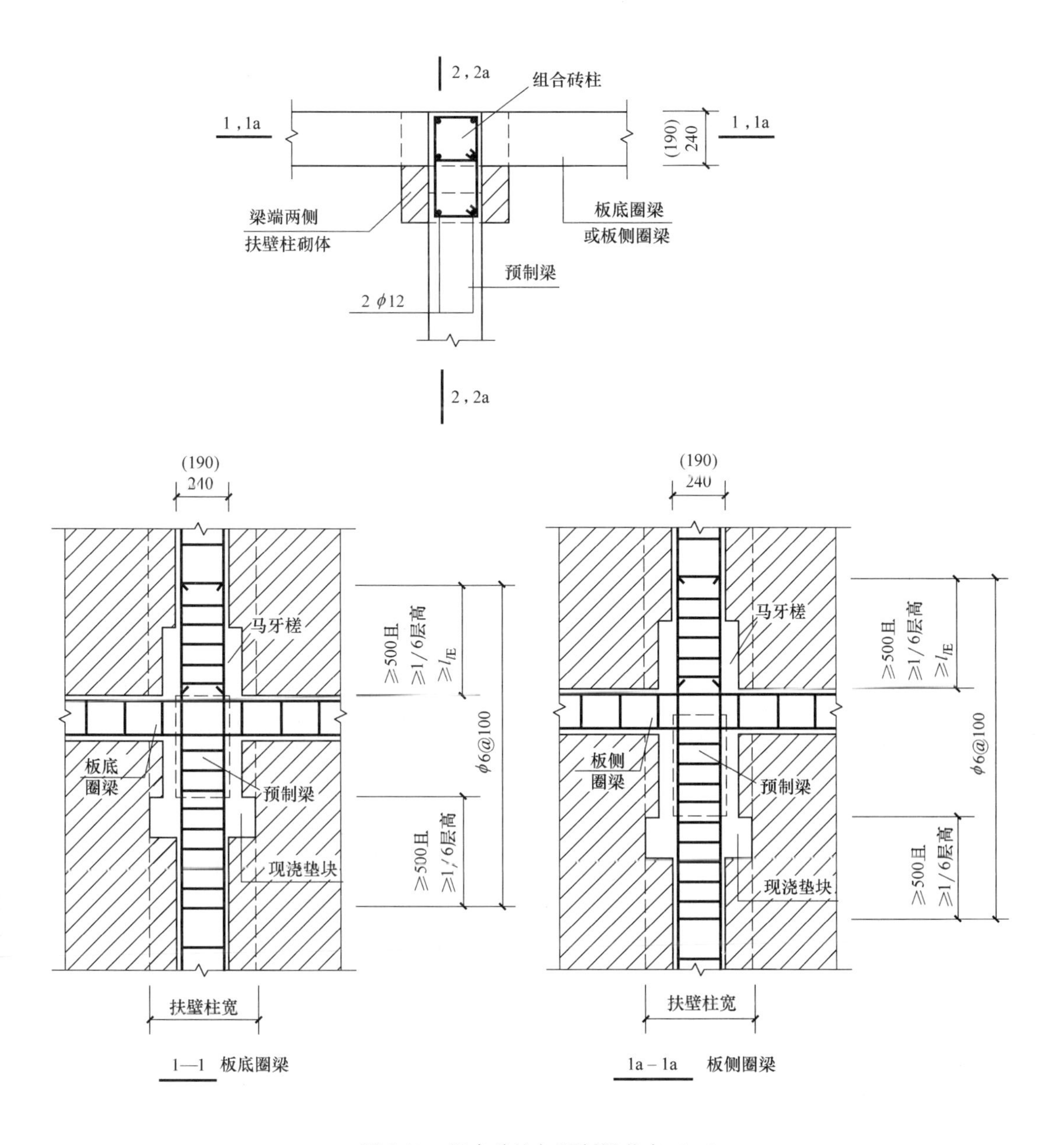

图 2-13 组合砖柱与预制梁节点（一）

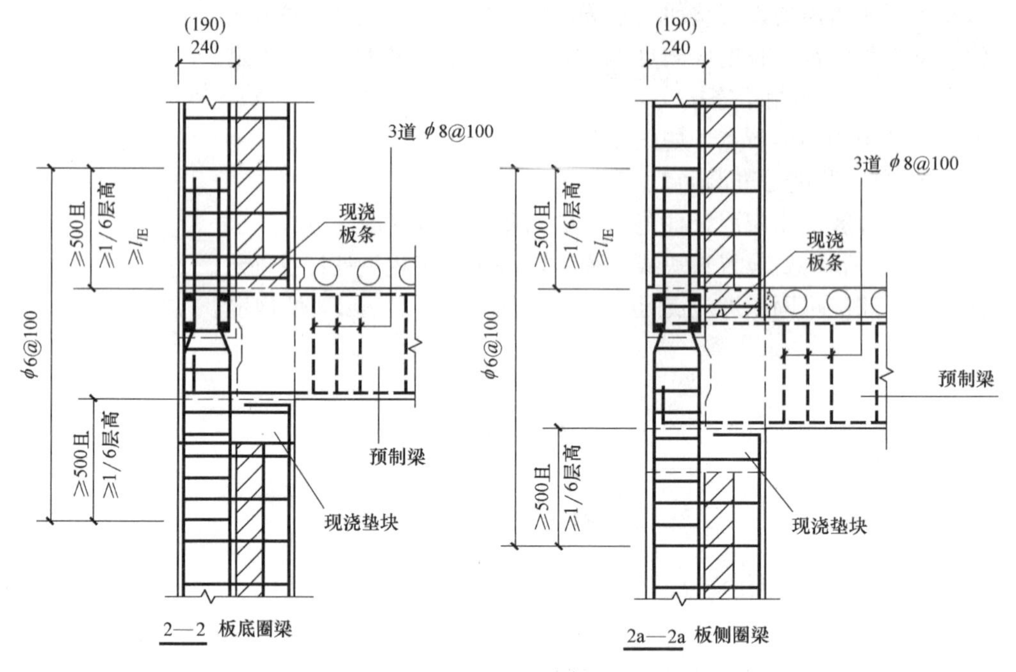

图 2-13 组合砖柱与预制梁节点（二）

2.4 圈梁构造

圈梁构造节点，如图 2-14 所示。

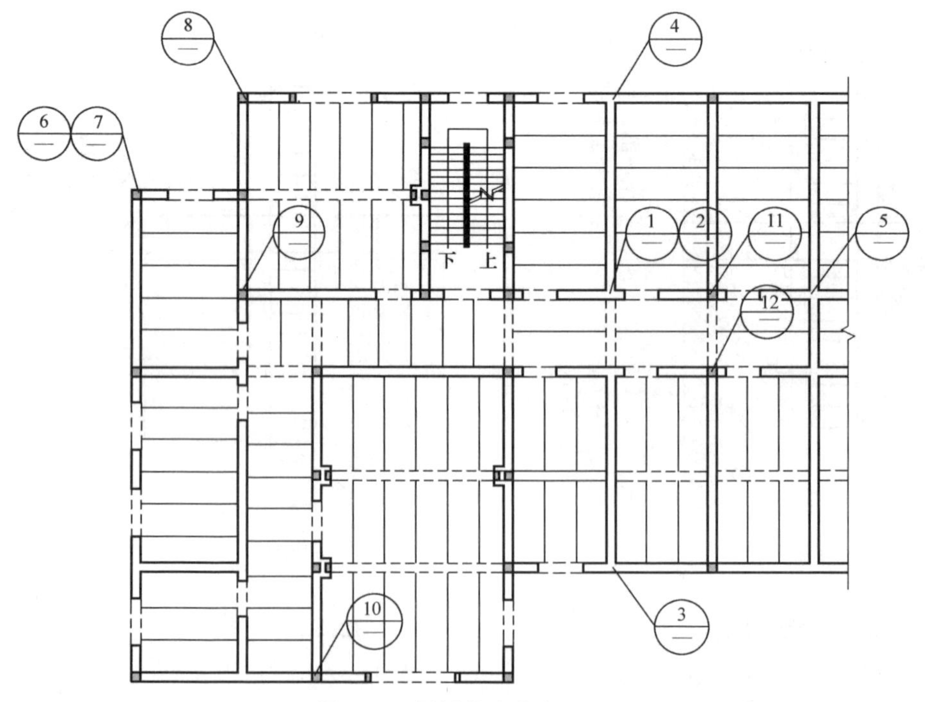

图 2-14 圈梁构造节点（一）

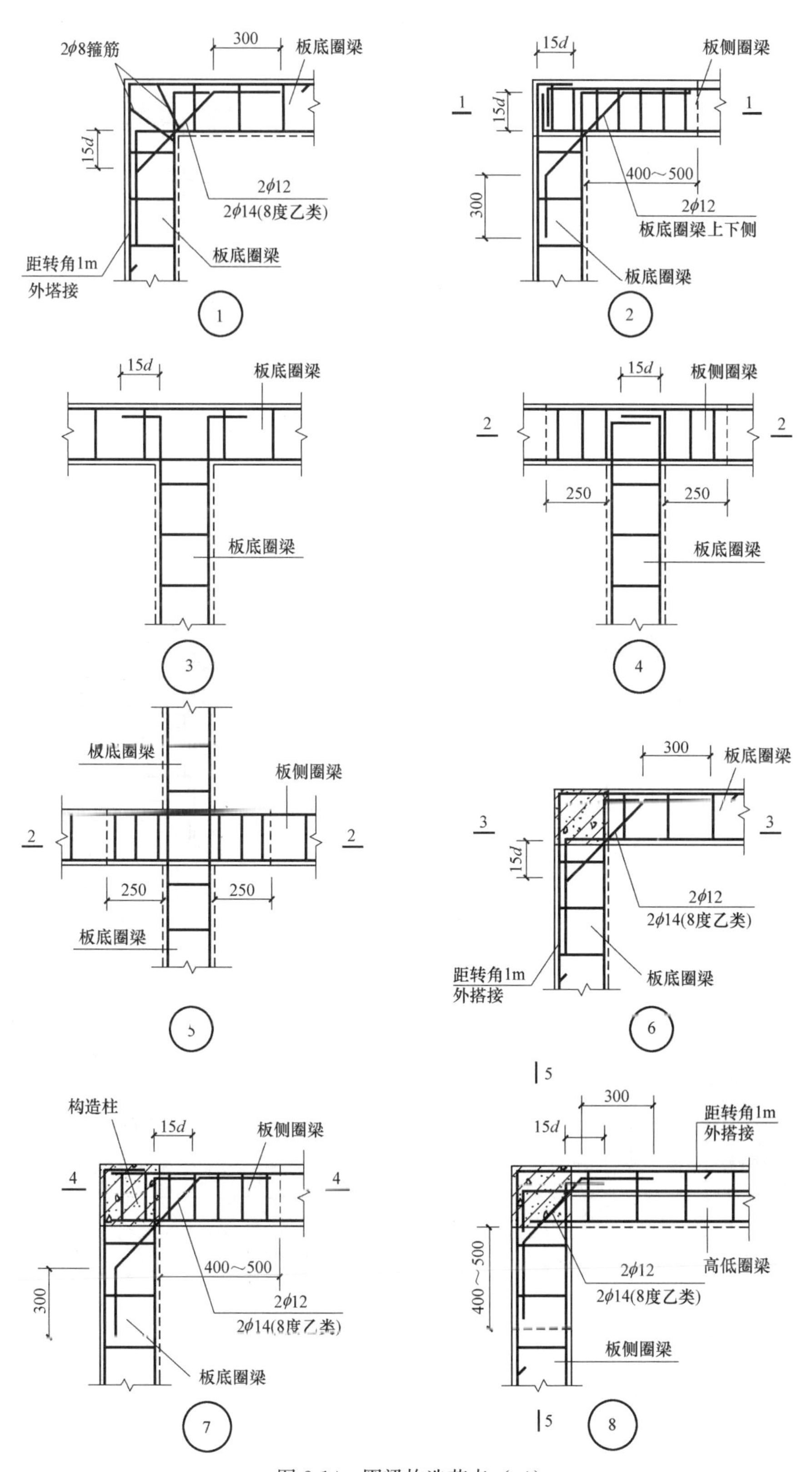

图 2-14　圈梁构造节点（二）

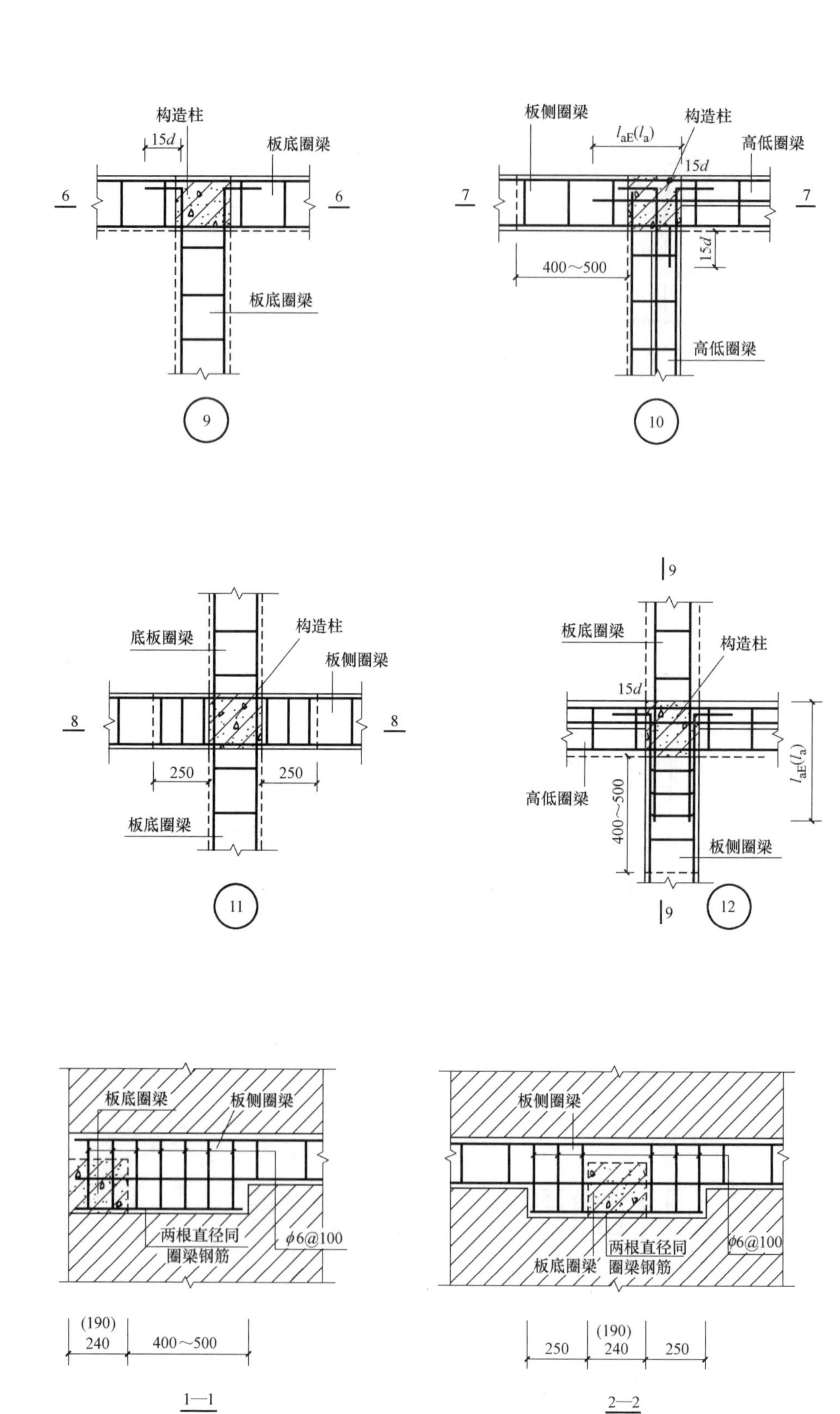

图 2-14　圈梁构造节点（三）

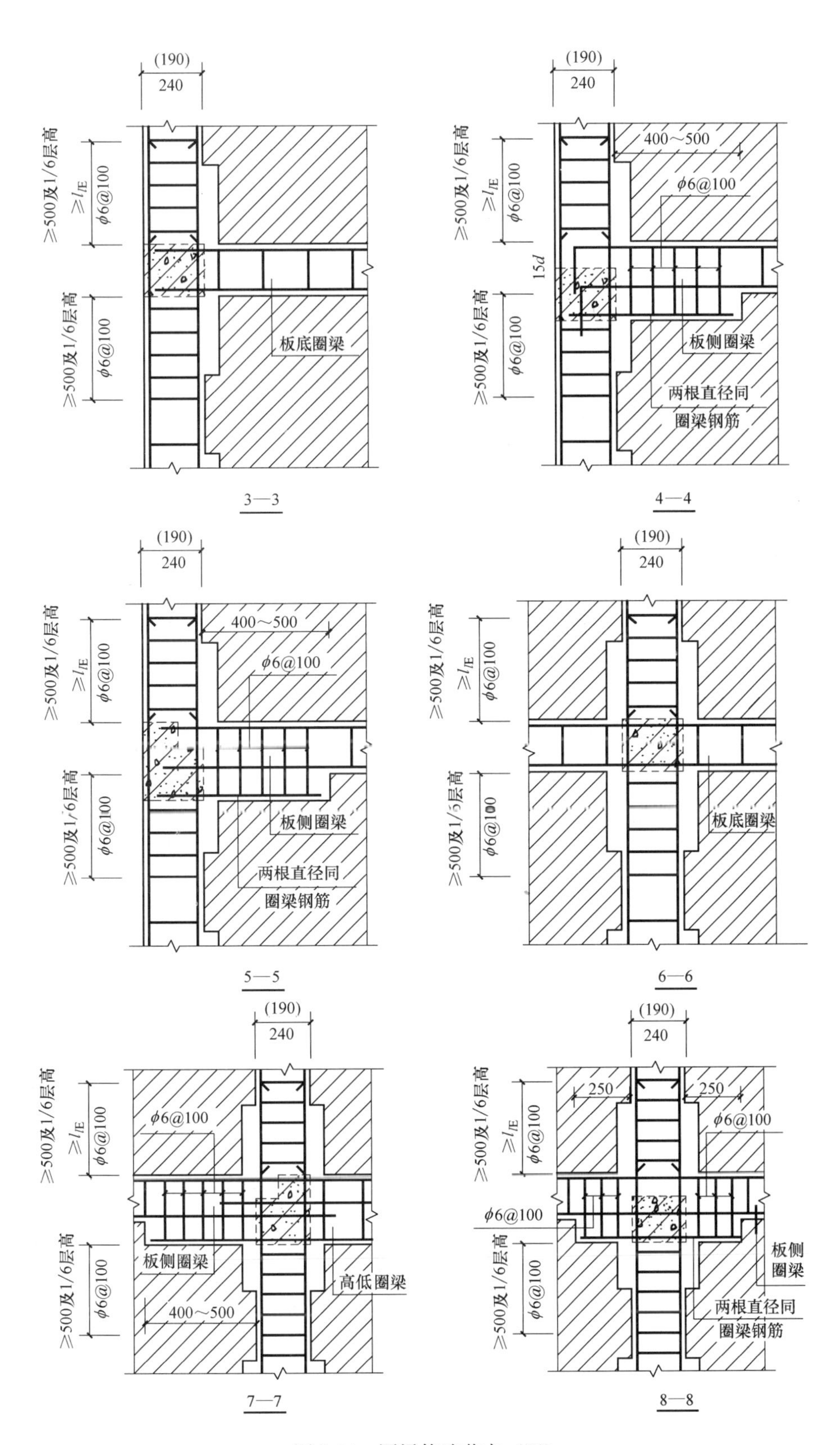

图 2-14　圈梁构造节点（四）

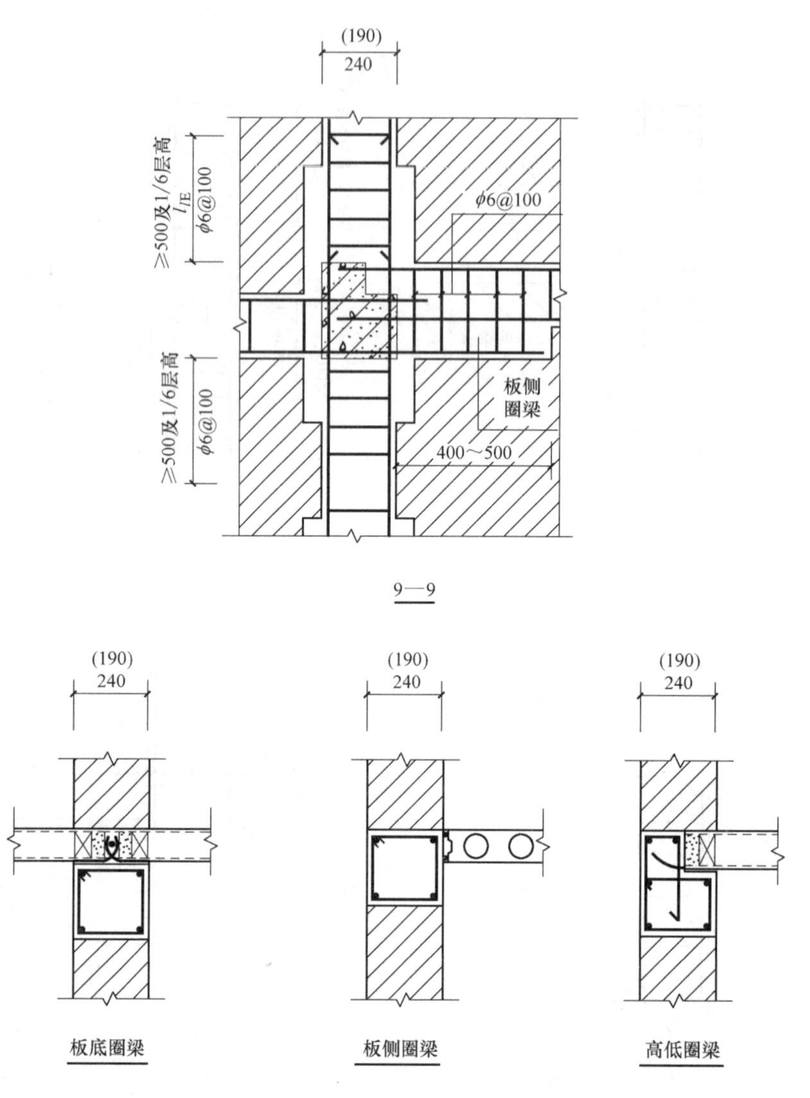

图 2-14　圈梁构造节点（五）

（1）圈梁宜连续地设在同一水平面上，并形成封闭状；当圈梁被门窗洞口截断时，应在洞口上部增设相同截面的附加圈梁。附加圈梁与圈梁的搭接长度不应小于其中到中垂直间距的 2 倍，且不得小于 1m。

（2）纵、横墙交接处的圈梁应可靠连接。刚弹性和弹性方案房屋，圈梁应与屋架、大梁等构件可靠连接。

（3）混凝土圈梁的宽度宜与墙厚相同，当墙厚不小于 240mm 时，其宽度不宜小于墙厚的 2/3。圈梁高度不应小于 120mm。纵向钢筋数量不应少于 4 根，直径不应小于 10mm，绑扎接头的搭接长度按受拉钢筋考虑，箍筋间距不应大于 300mm。

（4）圈梁兼作过梁时，过梁部分的钢筋应按计算面积另行增配。

（5）采用现浇混凝土楼（屋）盖的多层砌体结构房屋，当层数超过 5 层时，除应在檐口标高处设置一道圈梁外，可隔层设置圈梁，并应与楼（屋）面板一起现浇。未设置圈梁的楼面板嵌入墙内的长度不应小于 120mm，并沿墙长配置不少于 2 根直径为 10mm 的纵向钢筋。

（6）砖砌体房屋圈梁截面和配筋要求，如表 2-5 所示。

砖砌体房屋圈梁截面和配筋要求 **表 2-5**

类　别	抗震设防烈度			
	非抗震	6 度、7 度	8 度	8 度乙类
圈梁高度(mm)	≥120	≥120	≥120	≥120
圈梁纵筋	≥4ϕ10	≥4ϕ10	≥4ϕ12	≥4ϕ14
加强圈梁高度(mm)	≥150	≥150	≥150	≥150
加强圈梁纵筋	≥6ϕ10	≥6ϕ10	≥6ϕ12	≥6ϕ14
箍筋间距(mm)	≤300	≤250	≤200	≤150

注：1. 丙类的砖砌体房屋，当横墙较少且总高度和层数接近或达到表 2-6 规定限值时，所有纵横墙应在楼、屋盖标高处设置加强圈梁。

2. 圈梁宽度同墙厚，圈梁箍筋的最小直径为 6mm。

多层砌体房屋的层数和总高度限值（m） **表 2-6**

房屋类型		最小墙厚度(mm)	设防烈度和设计基本地震加速度											
			6		7				8				9	
			0.05g		0.10g		0.15g		0.20g		0.30g		0.40g	
			高度	层数	高度	层数	高度	层数	高度	层数	高度	层数	高度	层数
多层砌体房屋	普通砖	240	21	7	21	7	21	7	18	6	15	5	12	4
	多孔砖	240	21	7	21	7	18	6	18	6	15	5	9	3
	多孔砖	190	21	7	18	6	15	5	15	5	12	4	—	—
	混凝土砌块	190	21	7	21	7	18	6	18	6	15	5	9	3
底部框架-抗震墙砌体房屋	普通砖、多孔砖	240	22	7	22	7	19	6	16	5	—	—	—	—
	多孔砖	190	22	7	19	6	16	5	13	4	—	—	—	—
	混凝土砌块	190	22	7	22	7	19	6	16	5	—	—	—	—

注：1. 房屋的总高度指室外地面到主要屋面板板顶或檐口的高度，半地下室从地下室室内地面算起，全地下室和嵌固条件好的半地下室应允许从室外地面算起；对带阁楼的坡屋面应算到山尖墙的 1/2 高度处。

2. 室内外高差大于 0.6m 时，房屋总高度应允许比表中的数据适当增加，但增加量应少于 1.0m。

3. 乙类的多层砌体房屋仍按本地区设防烈度查表，其层数应减少一层且总高度应降低 3m；不应采用底部框架-抗震墙砌体房屋。

2.5　挑梁构造

挑梁构造，如图 2-15 所示。

（1）现浇挑梁受力钢筋（含箍筋）按具体工程设计，其中①筋不少于 2ϕ14，②筋伸入支座的长度不应小于 $2/3L_1$ 且不少于 1ϕ12，箍筋不小于 ϕ6@200，挑梁构造筋③不小于 2ϕ12；预制挑梁纵向钢筋至少应有 1/2 的钢筋面积且不少于 2ϕ12 伸入支座，其余钢筋伸入支座的长度不应小于 $2/3L_1$，且在图示圈梁位置处预留缺口（钢筋连通），浇灌圈梁时一并灌实。

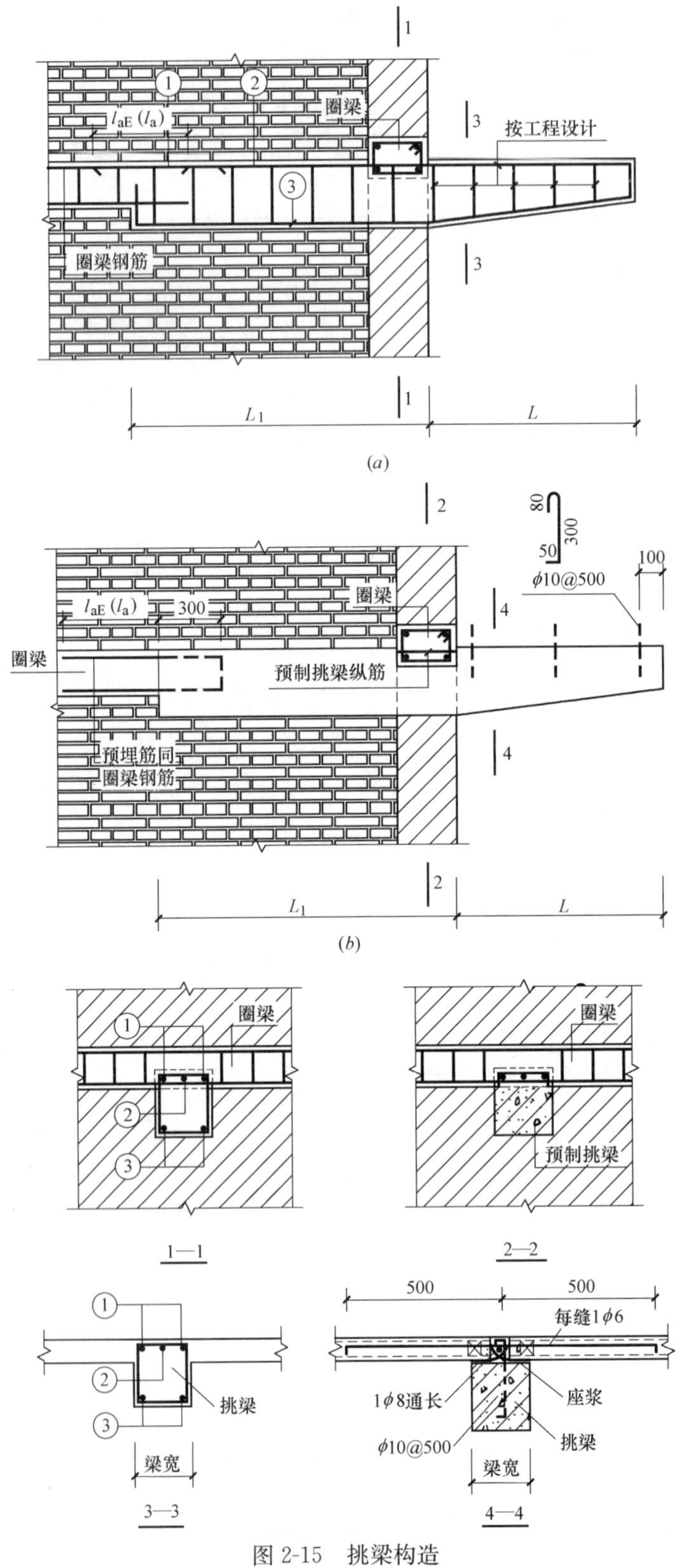

图 2-15 挑梁构造

（a）现浇挑梁构造；（b）预制挑梁构造

（2）设防烈度为6～8度时，挑梁纵向钢筋应沿梁长通长设置。

（3）挑梁埋入砌体长度L_1与挑出长度L之比应根据具体工程由设计计算确定。非抗震设防时，L_1/L宜大于1.2，当L_1上无砌体时，L_1/L宜大于2；设防烈度为6～8度时，L_1/L宜大于1.5，当L_1上无砌体时，L_1/L宜大于2.5。

（4）是否需要设置刚性垫块或垫梁应根据设计计算确定。

（5）抗震设防烈度为6～8度时，与挑梁连接的圈梁截面高度不应小于挑梁截面高度的1/2。

2.6 预制空心板构造

1. 预制空心板支承构造

预制空心板支承构造，如图2-16所示。

（1）图2-16（a）适用于非抗震设防时的楼、屋盖和6度时除房屋端部大房间外的楼盖；图2-16（b）适用于抗震设防烈度大于等于6度时房屋的楼、屋盖。

（2）坐浆采用M5砂浆，厚10mm。

（3）图2-16（a）中，板支承于内墙时，板端胡子筋伸出长度不小于70mm，板支承于外墙时不小于100mm；图2-16（b）中，板端胡子筋伸出长度不小于120mm。

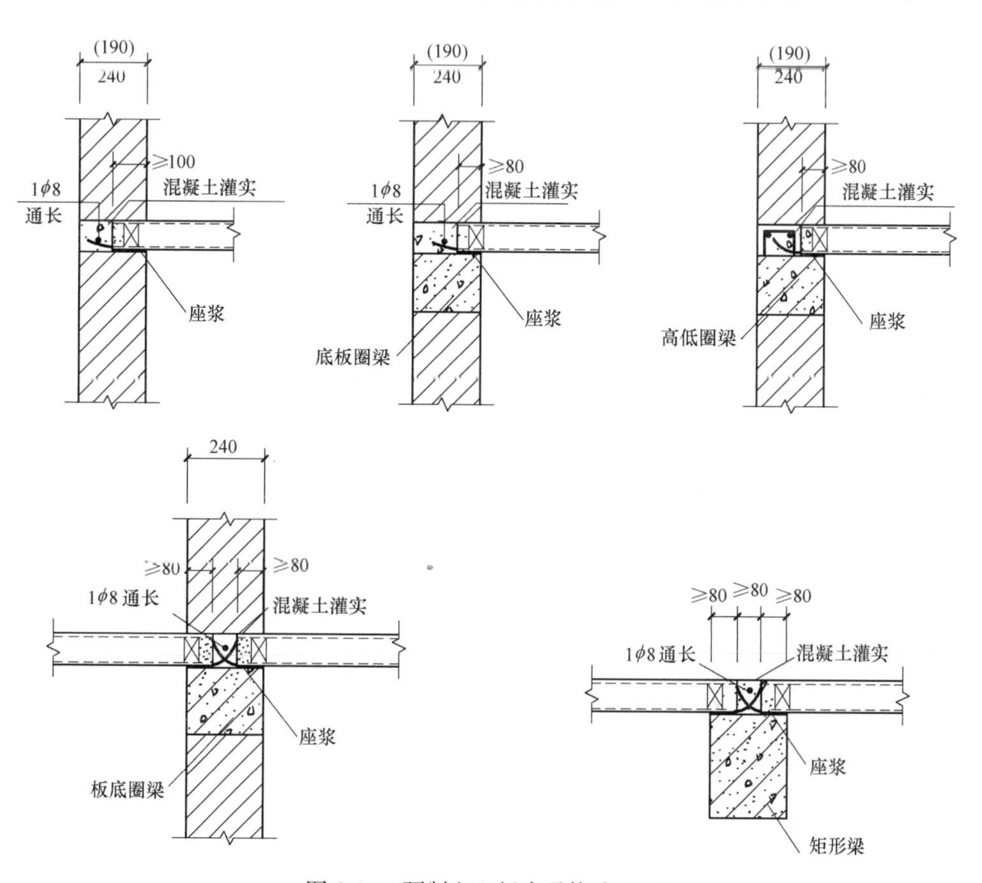

图2-16 预制空心板支承构造（一）

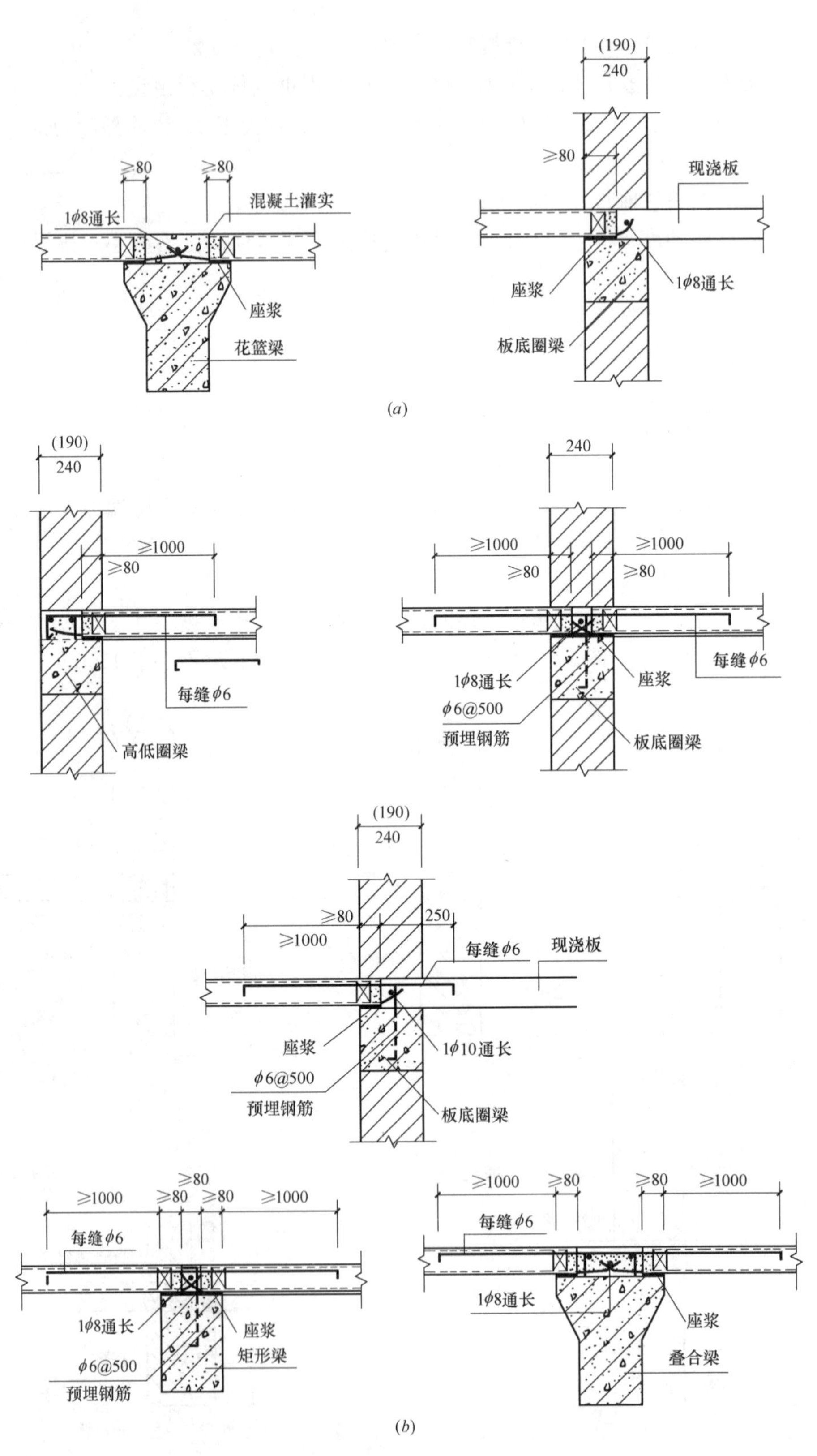

图 2-16　预制空心板支承构造（二）

（4）图 2-16（b）中，预制板板面设置厚度不小于 50mm 的 C25 细石混凝土现浇面层，配 φ6@250 双向钢筋网片。

（5）预制空心板板端用 C25 细石混凝土灌实。

2. 预制空心板硬架支模构造

预制空心板硬架支模构造，如图 2-17 所示。

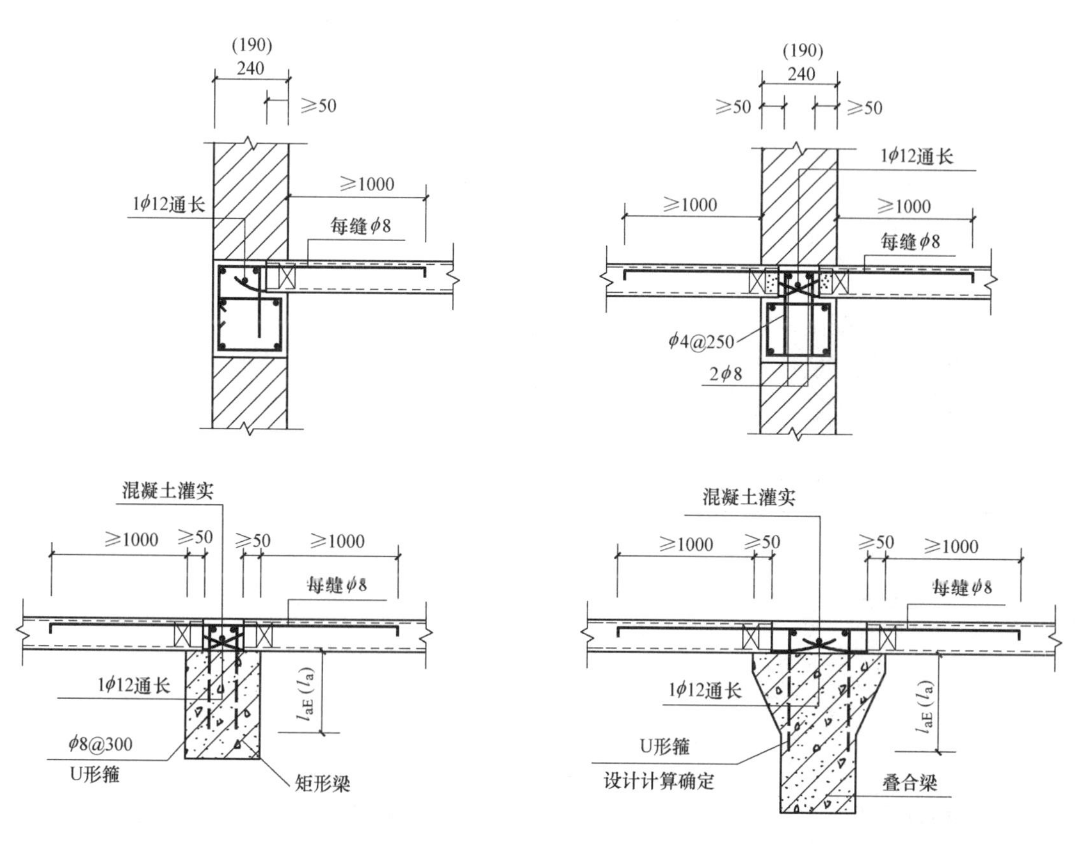

图 2-17　预制空心板硬架支模构造

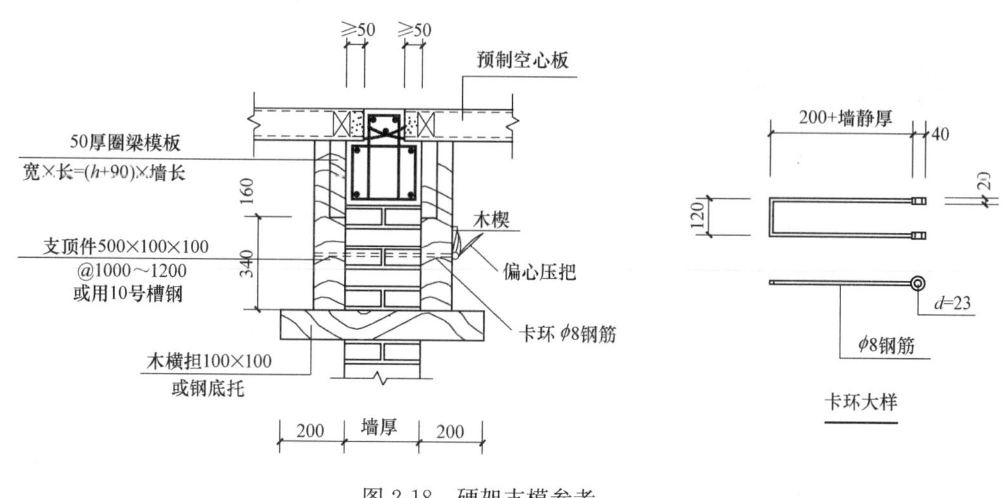

图 2-18　硬架支模参考

（1）当板的搁置长度不满足规范要求，可采用图 2-17 硬架支模做法，但板的搁置长度必须满足图 2-17 的要求。

（2）板端胡子筋应不小于 120mm，施工时钢筋头上弯 30°，施工顺序为：砌筑→圈梁硬架支模→放置圈梁钢筋→吊装楼板→浇捣混凝土。

（3）硬架支模的模板应有足够的强度和刚度，如图 2-18 所示。

（4）板面面层设置厚度不小于 50mm 的 C25 细石混凝土现浇面层，配 ϕ6@250 双向钢筋网片。

2.7 板与墙梁连接构造

1. 现浇板与墙、圈梁连接

现浇板与墙、圈梁连接，如图 2-19 所示。

（1）现浇或装配整体式钢筋混凝土楼、屋盖与墙体有可靠连接的房屋，应允许不另设圈梁，但楼板沿抗震墙体周边均应加强配筋并应与相应的构造柱钢筋可靠连接。

（2）板边加强纵筋，如表 2-7 所示。

板边加强纵筋　　表 2-7

抗震设防烈度	外 墙 纵 筋	每边内墙纵筋
非抗震	2ϕ10	4ϕ10
6～8 度	2ϕ12	4ϕ12
8 度乙类	2ϕ14	4ϕ14

注：遇端部构造柱时，板边加强纵筋锚入构造柱内 l_{aE}（l_a）。

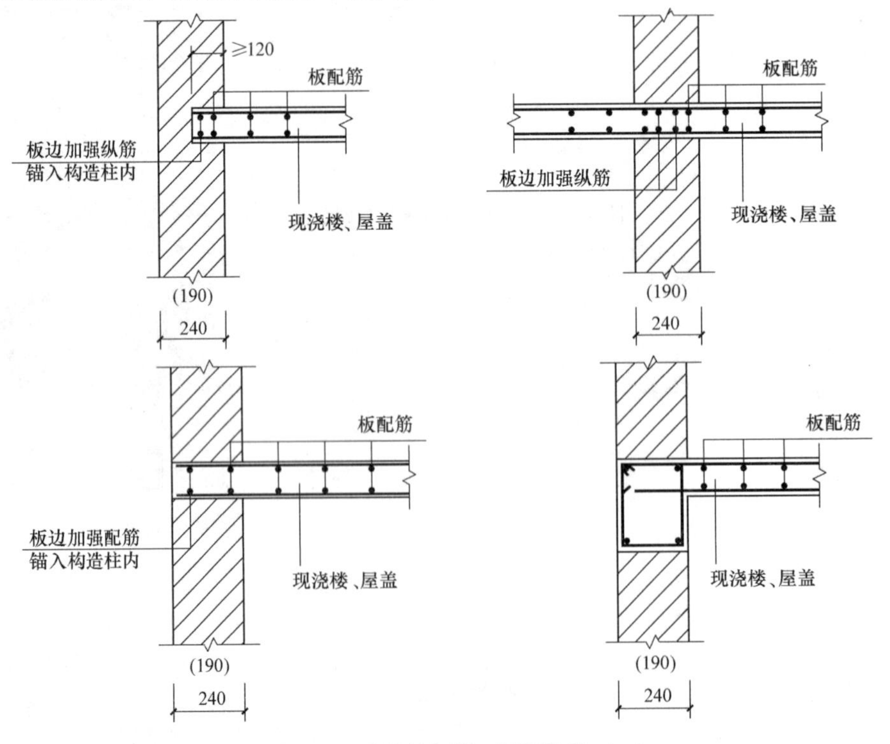

图 2-19　现浇板与墙、圈梁连接（一）

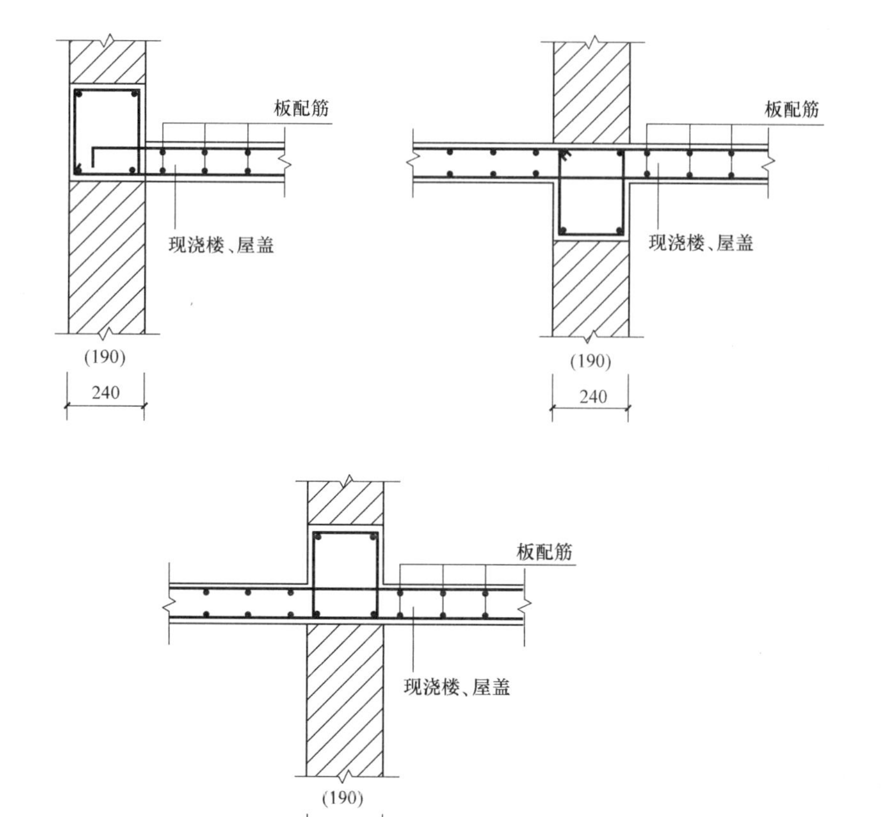

图 2-19 现浇板与墙、圈梁连接（二）

2. 预制空心板与外墙拉结

预制空心板与外墙拉结，如图 2-20 所示。

（1）图 2-20 适用于板跨大于 4.8m 的预制板与其侧边平行外墙的拉结。

（2）埋设钢筋弯钩的板缝加宽不小于 40mm，并用 C25 的细石混凝土填实。

（3）非抗震设防的建筑需要加强楼、屋盖整体性时，可参照图 2-20 节点做法。

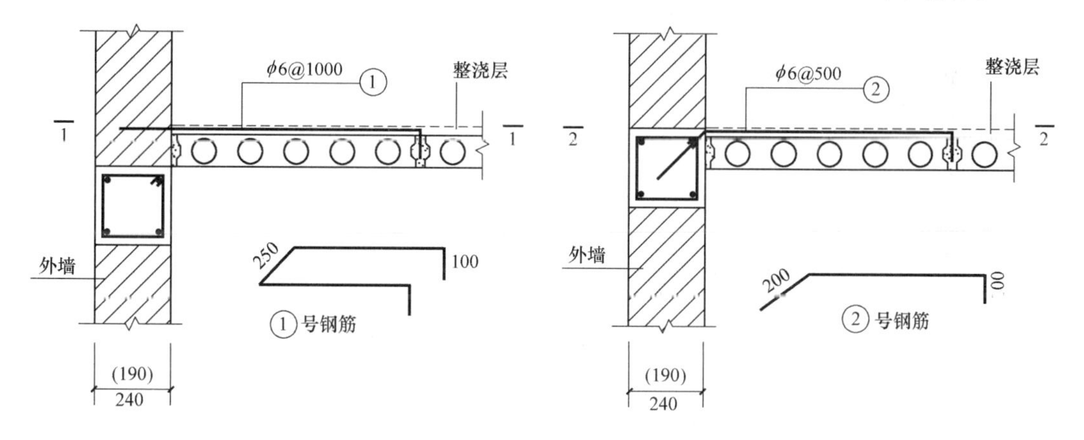

图 2-20 预制空心板与外墙拉结（一）

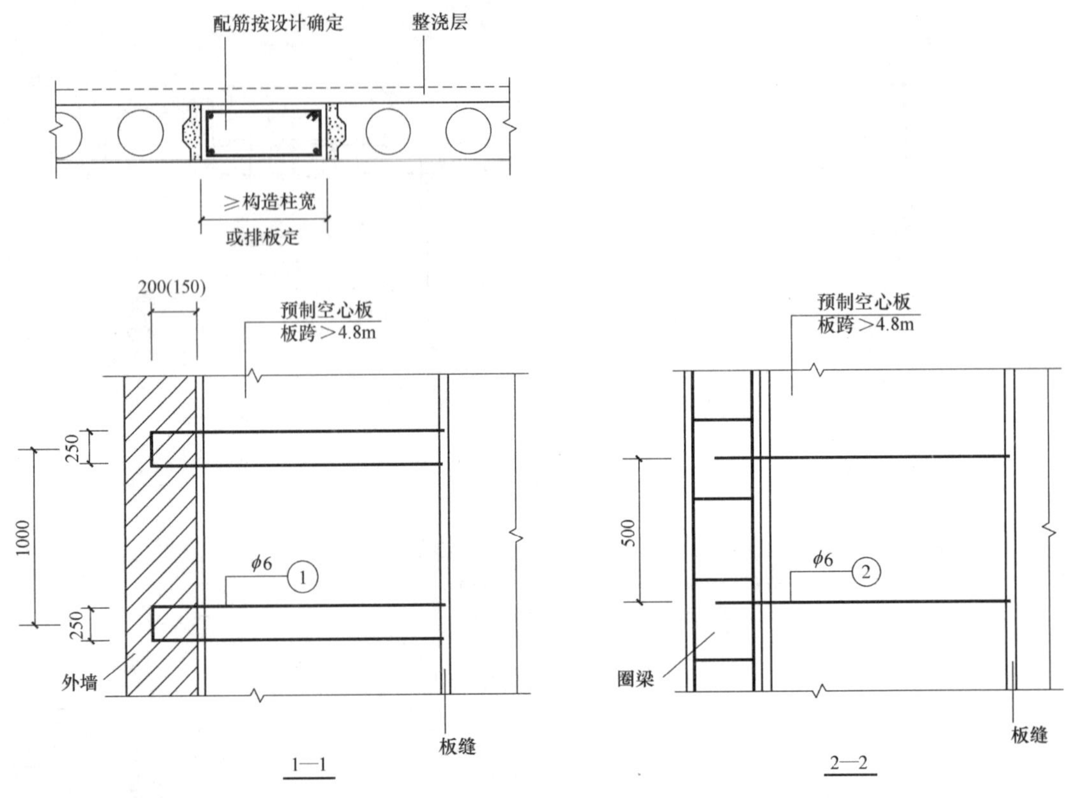

图 2-20　预制空心板与外墙拉结（二）

2.8　楼梯间墙体配筋构造

楼梯间墙体配筋构造，如图 2-21 所示。

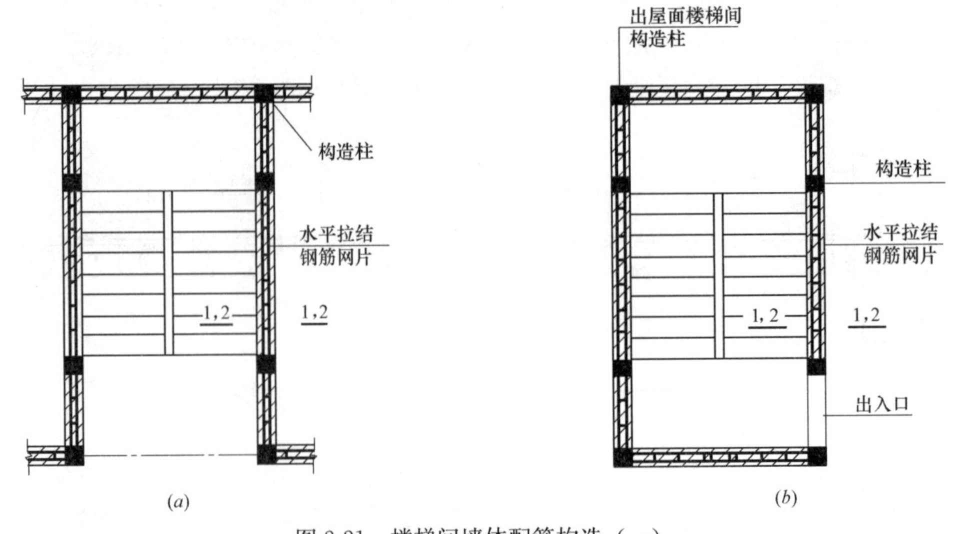

图 2-21　楼梯间墙体配筋构造（一）

（a）标准层楼梯间墙体拉结；（b）出屋面楼梯间墙体拉结

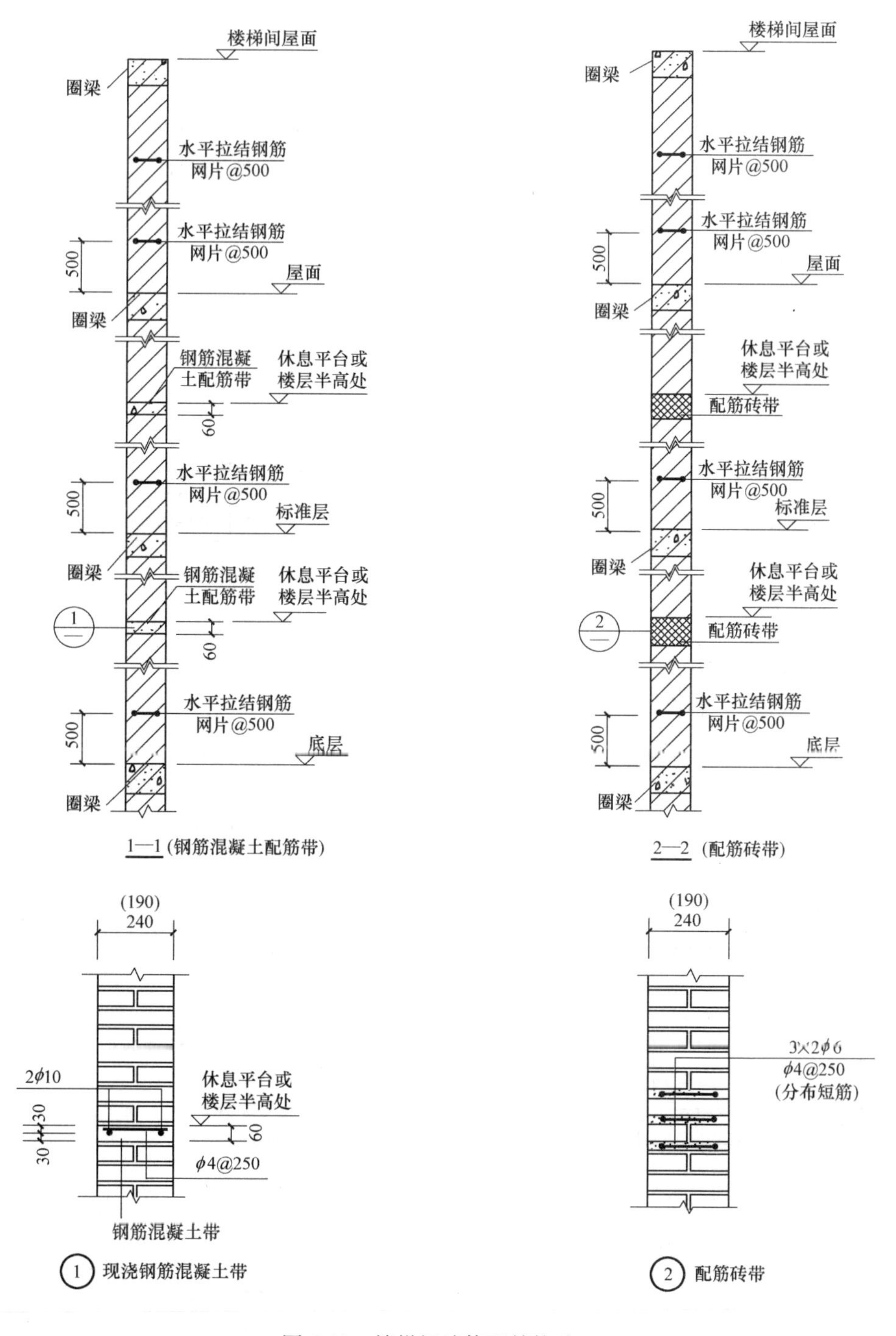

图 2-21　楼梯间墙体配筋构造（二）

(1) 顶层楼梯间墙体应沿墙高每隔 500mm 设 2ϕ6 通长钢筋和 ϕ4 分布短钢筋平面内点焊组成的拉结网片或 ϕ4 点焊网片；7～9 度时其他各层楼梯间墙体应在休息平台或楼层半高处设置 60mm 厚、纵向钢筋不应少于 2ϕ10 的钢筋混凝土带或配筋砖带，配筋砖带不少于 3 皮，每皮的配筋不少于 2ϕ6，砂浆强度等级不应低于 M7.5 且不低于同层墙体的砂浆强度等级。

（2）楼梯间及门厅内墙阳角处的大梁支承长度不应小于 500mm，并应与圈梁连接。

（3）装配式楼梯段应与平台板的梁可靠连接，8、9 度时不应采用装配式楼梯段；不应采用墙中悬挑式踏步或踏步竖肋插入墙体的楼梯，不应采用无筋砖砌栏板。

（4）突出屋顶的楼、电梯间，构造柱应伸到顶部，并与顶部圈梁连接，所有墙体应沿墙高每隔 500mm 设 2ϕ6 通长钢筋和 ϕ4 分布短筋平面内点焊组成的拉结网片或 ϕ4 点焊网片。

2.9 女儿墙构造

女儿墙节点平面及构造，如图 2-22 所示。

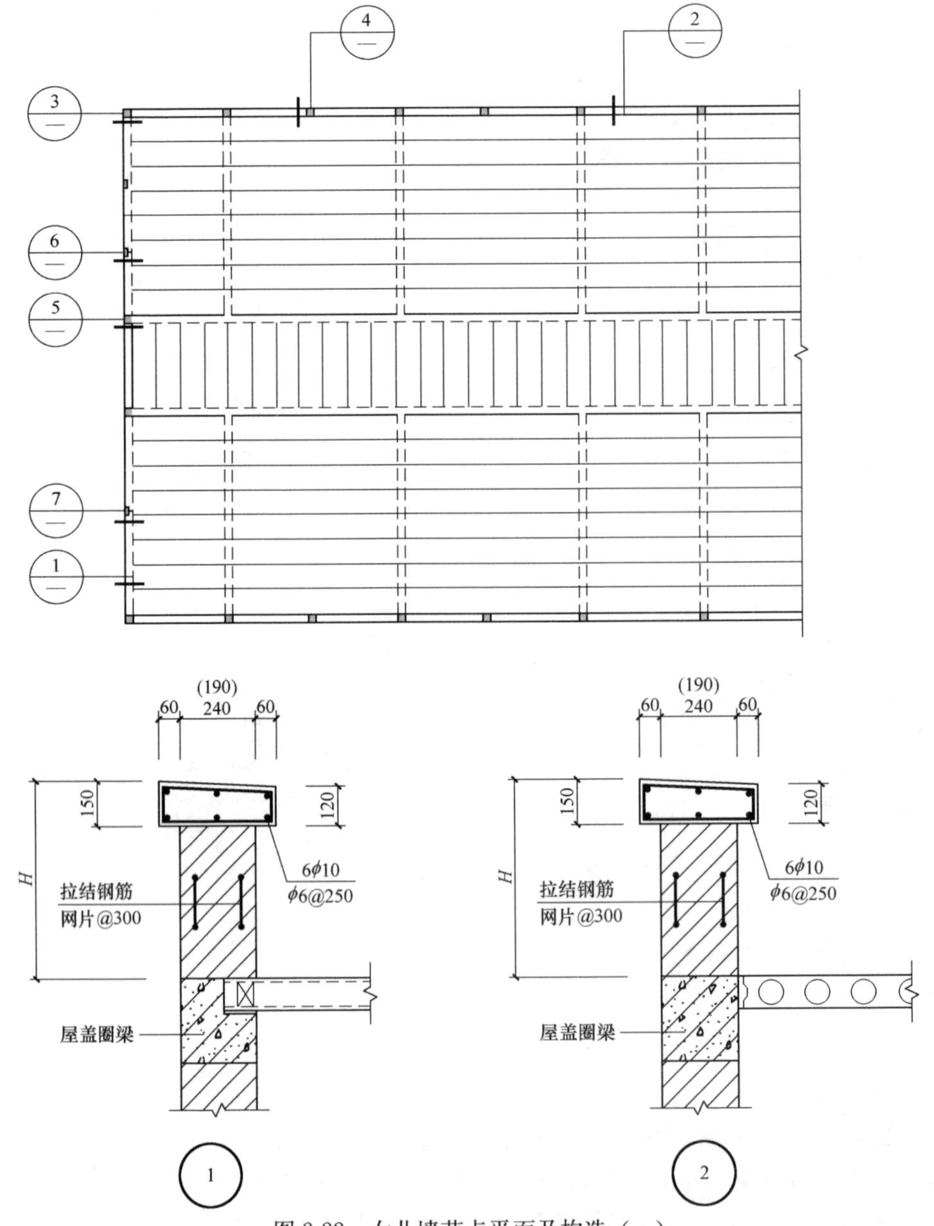

图 2 22　女儿墙节点平面及构造（一）

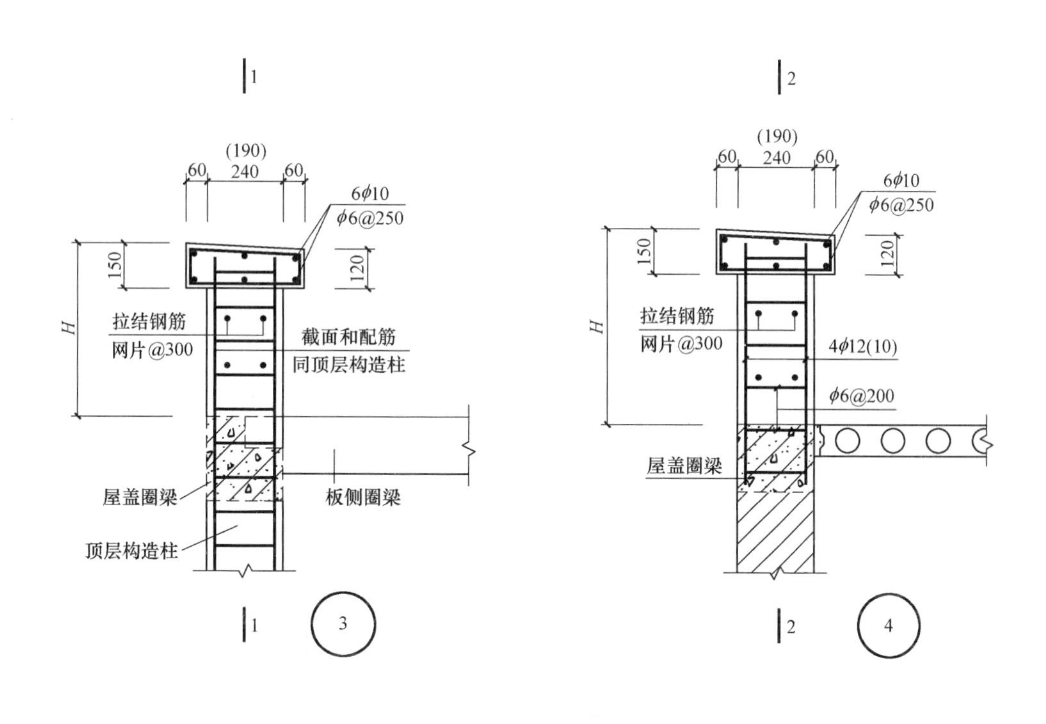

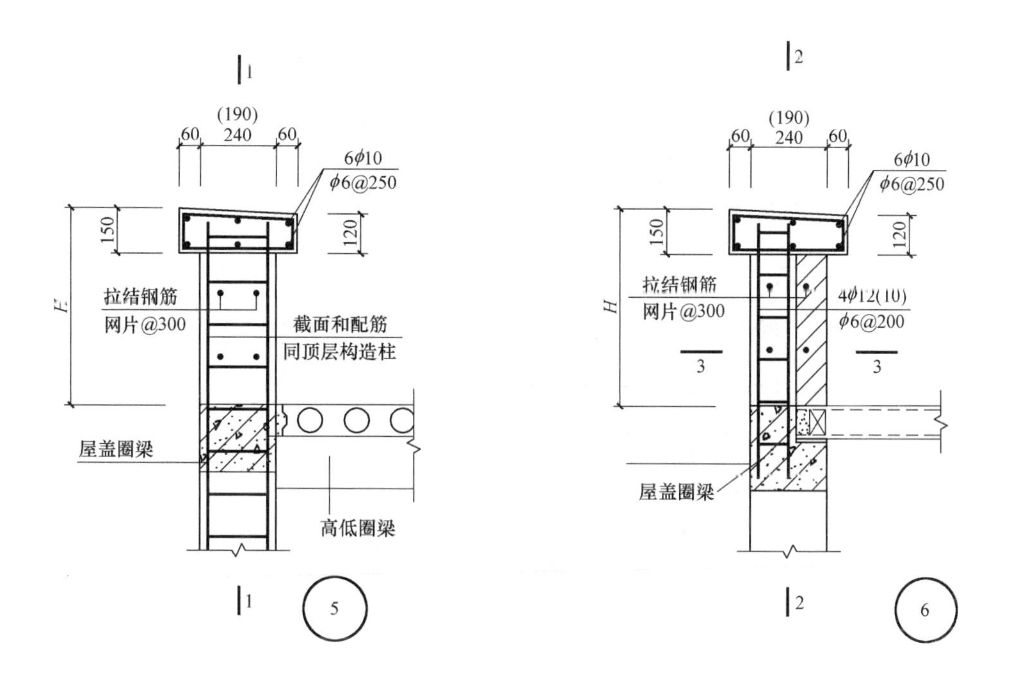

图 2-22 女儿墙节点平面及构造（二）

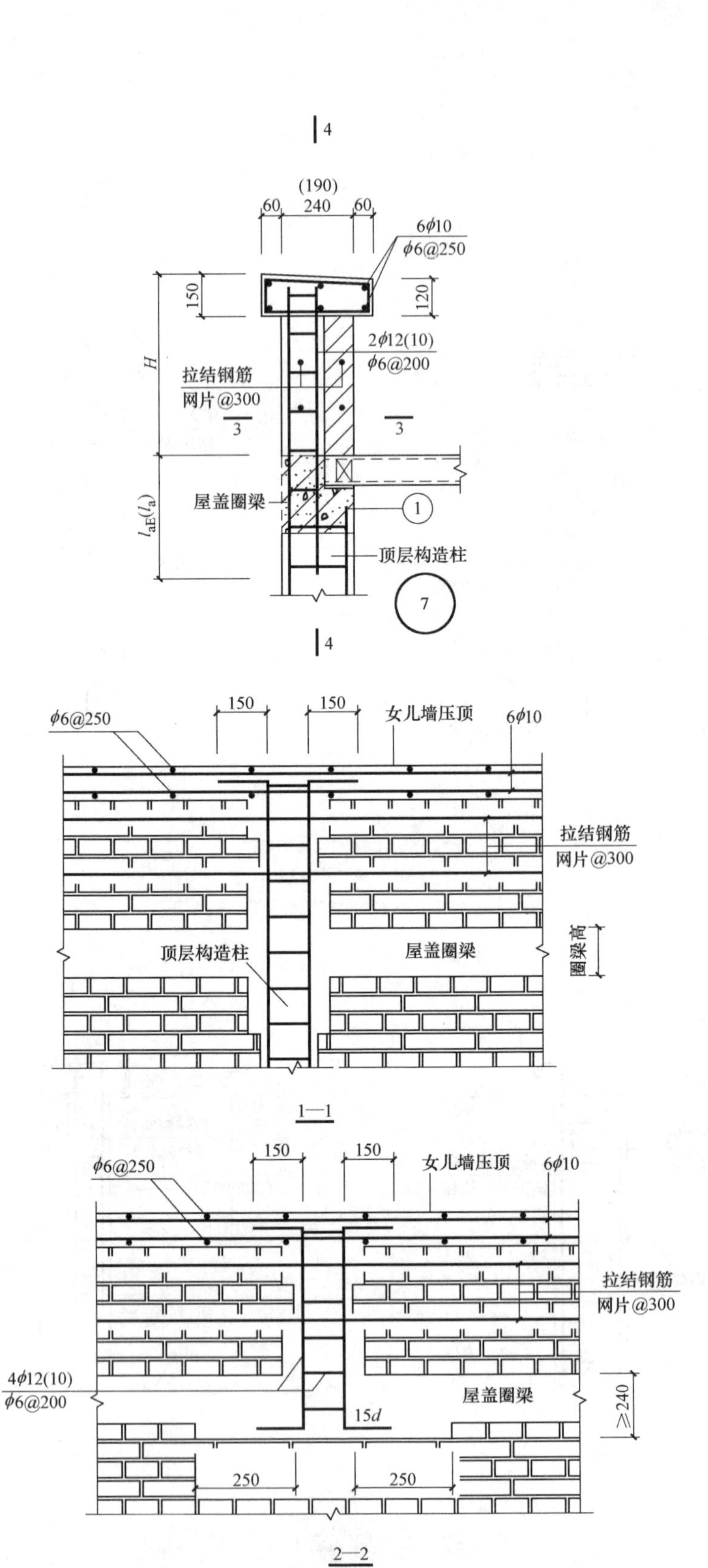

图 2-22 女儿墙节点平面及构造（三）

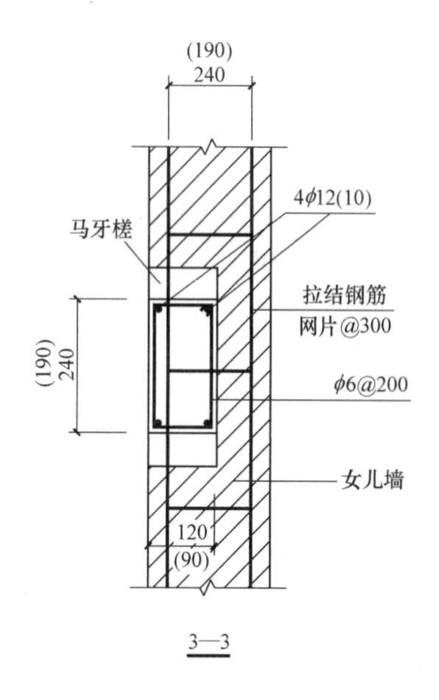

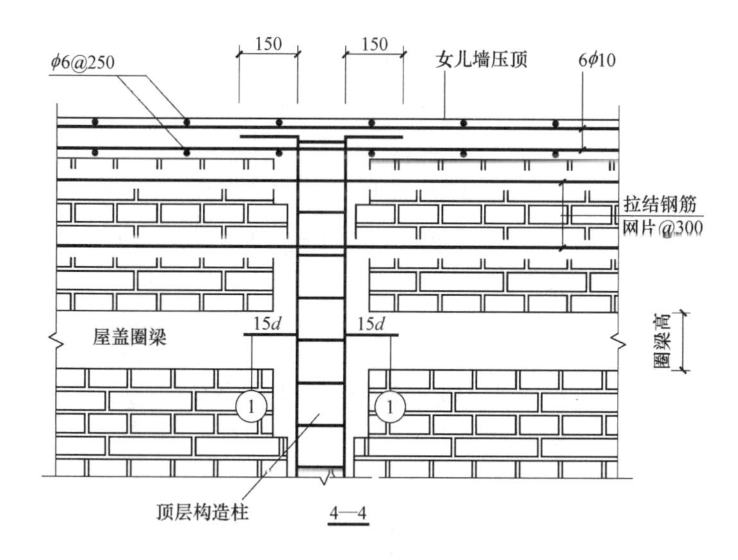

图 2-22　女儿墙节点平面及构造（四）

（1）女儿墙与构造柱连接处应砌成马牙槎，设 2ϕ6 通长钢筋和 ϕ4 分布短筋平面内点焊组成的拉结钢筋网片或 ϕ4 点焊网片，间距 300mm。

（2）女儿墙先砌墙，后浇柱和压顶，混凝土强度等级不低于 C20。

（3）当女儿墙高度大于 1.0m 时，应根据设计计算另外采取加强措施。

（4）现浇屋盖设圈梁时，圈梁做法同预制板屋盖圈梁节点，节点中仅预制板改为现浇板，并与圈梁同时浇筑。

（5）非抗震设防时且女儿墙高度 H 不大于 500mm 时，女儿墙构造柱纵筋为 4ϕ10，其他情况为 4ϕ12。

（6）女儿墙构造柱最大间距，如表 2-8 所示。

女儿墙构造柱最大间距 S（m） **表 2-8**

设防烈度 / 高度 H(mm)	非抗震	6 度	7 度	8 度	8 度乙类
$H \leqslant 500$	4	4	4	4	3
$500 < H \leqslant 800$	3	3	3	3	2
$800 < H \leqslant 1000$	3	2	2	2	1.5

注：女儿墙在人流出入口和通道处的构造柱间距不大于半开间，且不大于 1.5m。

2.10 砖砌体房屋构造实例

【例 2-1】 两承重柱间设一自承重钢筋混凝土基础梁，已知墙高 14m，梁的标志尺寸为 5.5m，两端支承长度各为 0.3m，墙厚 240mm 双面抹灰；采用 MU10 黏土砖，M10 混合砂浆砌筑，离支座 0.52m 处开一门洞，洞口尺寸宽 $b_b=2.0\text{m}$，洞高 $h=2.4\text{m}$，采用 C30 混凝土，纵向受力钢筋选用 HRB335 钢筋，箍筋采用 HPB300 钢筋，工作环境为二类，试设计该基础梁。

【解】

1. 荷载计算

设基础梁截面面积 $b \times h_b = 240\text{mm} \times 450\text{mm}$

托梁自重 $1.35 \times 25 \times 0.24 \times 0.45 = 3.645\text{kN/m}$

基础梁净跨度 $l_n = 5.5 - 2 \times 0.3 = 4.9\text{m}$

梁计算跨度 $l_0 = 1.1 l_n = 1.1 \times 4.9 = 5.39\text{m}$

支座中心间距离 $l_c = 5.5 - 0.3 = 5.2\text{m}$

取梁计算跨度 $l_c = 5.2\text{m}$（因为 $l_c < l_0$）

墙体自重 $[1.35 \times 5.24 \times (14 \times 5.2 - 2.0 \times 2.4)] \times \frac{1}{5.2} \approx 92.5\text{kN/m}$

$$Q_2 = 3.645 + 92.5 = 96.145\text{kN/m}$$

因为 $H = 14\text{m} > 5.2\text{m}$，取 $h_w = 5.2\text{m}$

墙梁跨中截面计算高度 $H_0 = h_w + 0.5 h_b = 5.2 + 0.5 \times 0.45 = 5.425\text{m}$

计算简图如图 2-23 所示，各部尺寸均满足表 2-9 的规定。

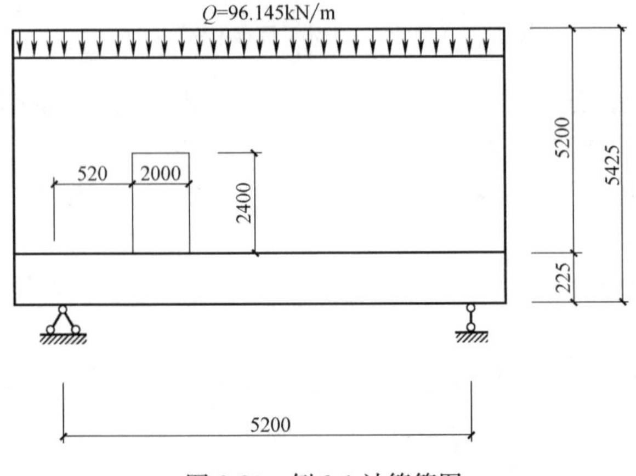

图 2-23 例 2-1 计算简图

墙梁的一般规定 **表 2-9**

墙梁类别	墙体总高度(m)	跨度(m)	墙体高跨比 h_w/l_{0i}	托梁高跨比 h_b/l_{0i}	洞宽比 b_h/l_{0i}	洞高 h_h(m)
承重墙梁	≤18	≤9	≥0.4	≥1/10	≤0.3	$\leq 5h_w/6$ 且 $h_w-h_h\geq 0.4$
自承重墙梁	≤18	≤12	≥1/3	≥1/15	≤0.8	—

注：墙体总高度指托梁顶面到檐口的高度，带阁楼的坡屋面应算到山尖墙 1/2 高度处。

2. 使用阶段托梁正截面承载力计算

$$M_2=\frac{1}{8}Q_2 l_0^2=\frac{1}{8}\times 96.145\times 5.2^2=324.97\text{kN}\cdot\text{m}$$

$$\psi_M=4.5-10\frac{a}{l_c}=4.5-10\times\frac{0.52}{5.2}=3.5$$

$$\alpha_M=0.8\psi_M\left(1.7\frac{h_b}{l_0}-0.03\right)=0.8\times 3.5\times\left(1.7\times\frac{0.45}{5.2}-0.03\right)=0.328$$

$$\eta_N=0.8\left(0.44+2.1\frac{h_w}{l_0}\right)=0.8\times\left(0.44+2.1\times\frac{5.2}{5.2}\right)=2.032$$

$$M_b=\alpha_M M_2=0.328\times 324.97=106.59\text{kN}\cdot\text{m}$$

$$N_{bt}=\eta_N\frac{M_2}{H_0}=2.032\times\frac{324.97}{5.425}=121.72\text{kN}$$

$$e_0=\frac{M_b}{N_{bt}}=\frac{106.59}{121.72}=0.875\text{m}>\frac{h_b}{2}-a_s=\frac{1}{2}\times 0.45-0.045=0.18\text{m}$$

故为大偏心受拉构件。

$$e=e_0-\frac{h_b}{2}+a_s=875-\frac{1}{2}\times 450+45=695\text{mm}$$

$$A_s'=\frac{N_{bt}e-\alpha_{sm}f_c bh_0^2}{f_y(h_0-a_s)}=\frac{121720\times 695-0.399\times 14.3\times 240\times 405^2}{300\times(405-45)}\text{mm}^2<0$$

按构造要求，配置受压钢筋为

$$A_s'=0.002bh_b=0.002\times 240\times 450=216\text{mm}^2$$

选配 2 Φ 12 钢筋，$A_s'=226\text{mm}^2$，满足要求。

$$\alpha_s=\frac{N_{bt}e}{f_c bh_0^2}=\frac{121720\times 695}{14.3\times 240\times 405^2}=0.150,\ \gamma_s=0.925$$

$$A_s=\frac{N_{bt}e}{\gamma_s h_0 f_y}+\frac{N_{bt}}{f_y}=\frac{121720\times 695}{0.925\times 405\times 300}+\frac{121720}{300}=1158.44\text{ mm}^2$$

纵向受力钢筋选用 4 Φ 20 钢筋，$A_s=1257\text{mm}^2>1158.44\text{mm}^2$，满足要求。

3. 使用阶段托梁截面受剪承载力计算

$$V_b=\beta_v V_2=0.5\times 96.145\times\frac{1}{2}\times 4.9=117.78\text{kN}$$

$V_b<0.25f_c bh_0=0.25\times 14.3\times 240\times 405\approx 347.49\text{kN}$，受剪截面满足要求。

$V_b>0.7f_t bh_0=0.7\times 1.43\times 240\times 405\approx 97.297\text{kN}$，应按计算配置箍筋。

$$\frac{A_{sv}}{s}=\frac{V_b-0.7f_t bh_0}{1.25f_{yv}h_0}=\frac{117780-97300}{1.25\times 210\times 405}=0.193$$

选用双肢箍筋 $\phi8@200$，$\frac{A_{sv}}{s}=\frac{101}{200}=0.505>0.193$，且

$$\rho_{sv}=\frac{A_{sv}}{bs}=\frac{101}{240\times200}=0.0021>0.24\frac{f_t}{f_{yv}}=0.24\times\frac{1.43}{210}=0.00163$$

满足要求。

4. 托梁在施工阶段的承载力验算

施工阶段作用在托梁上的均布荷载为

$$q=0.9\times\left(3.645+1.35\times4.56\times\frac{1}{3}\times5.2\right)=12.88\text{kN/m}$$

$$M=\frac{1}{8}ql_c^2=\frac{1}{8}\times12.88\times5.2^2=43.53\text{kN}\cdot\text{m}$$

$$V=\frac{1}{2}ql_n=\frac{1}{2}\times12.88\times4.9=31.56\text{kN}$$

【例 2-2】 砖柱截面尺寸为 360mm×750mm，其计算高度为 5m，用 MU10 红砖、M5 混合砂浆砌筑，承受轴心压力设计值 $N=450$kN。试验算其承载力。

【解】 先按无筋砌体验算：

$$\beta=\frac{H_0}{h}=\frac{5000}{360}\approx13.89$$

查表 2-10 得，$\varphi=0.77$，$f=1.5$MPa

但由于 $A=0.36\times0.75=0.27\text{m}^2<0.3\text{m}^2$，所以应考虑调整系数，$\gamma_a=0.7+0.27=0.97$，调整后的砌体抗压强度为

$$\gamma_a f=0.97\times1.5=1.455\text{MPa}$$

砖柱承载力为

$$\varphi A\gamma_a f=0.77\times360\times750\times0.97\times1.5=302494.5\text{N}\approx302.5\text{kN}<450\text{kN}$$

不满足要求。

现采用网状配筋加强。用冷拔低碳钢丝 ϕ^b4，其抗拉强度设计值 $f_y=430$MPa（甲级Ⅱ组），设方格网孔眼尺寸为 60mm，网的间距为三皮砖（180mm），则

$$\rho=\frac{(a+b)A_s}{abs_n}=\frac{(60+60)\times12.6}{60\times60\times180}=0.00233>0.1\%\text{，且小于 }1\%\text{。}$$

$$f_y=430\text{MPa}>320\text{MPa，取 }f_y=320\text{MPa}$$

$$f_n=f+2\rho f_y=1.5+2\times0.00233\times320=2.99\text{MPa}$$

对于配筋砌体，《砌体结构设计规范》（GB 50003—2011）规定其砌体截面面积小于 0.2m^2时，考虑调整系数，因此，此处不必再乘以 γ_a。

由 β 及 ρ 查表 2-11 得，$\varphi_n=0.64$

$$\varphi_n Af_n=0.64\times360\times750\times2.99=516672\text{N}\approx517\text{kN}>450\text{kN}$$

安全。

影响系数 φ（砂浆强度等级≥M5） **表 2-10**

β	$\frac{e}{h}$或$\frac{e}{h_T}$						
	0	0.025	0.05	0.075	0.1	0.125	0.15
≤3	1	0.99	0.97	0.94	0.89	0.84	0.79
4	0.98	0.95	0.90	0.85	0.80	0.74	0.69
6	0.95	0.91	0.86	0.81	0.75	0.69	0.64
8	0.91	0.86	0.81	0.76	0.70	0.64	0.59
10	0.87	0.82	0.76	0.71	0.65	0.60	0.55
12	0.82	0.77	0.71	0.66	0.60	0.55	0.51
14	0.77	0.72	0.66	0.61	0.56	0.51	0.47
16	0.72	0.67	0.61	0.56	0.52	0.47	0.44
18	0.67	0.62	0.57	0.52	0.48	0.44	0.40
20	0.62	0.57	0.53	0.48	0.44	0.40	0.37
22	0.58	0.53	0.49	0.45	0.41	0.38	0.35
24	0.54	0.49	0.45	0.41	0.38	0.35	0.32
26	0.50	0.46	0.42	0.38	0.35	0.33	0.30
28	0.46	0.42	0.39	0.36	0.33	0.30	0.28
30	0.42	0.39	0.36	0.33	0.31	0.28	0.26

β	$\frac{e}{h}$或$\frac{e}{h_T}$					
	0.175	0.2	0.225	0.25	0.275	0.3
≤3	0.73	0.68	0.62	0.57	0.52	0.48
4	0.64	0.58	0.53	0.49	0.45	0.41
6	0.59	0.54	0.49	0.45	0.42	0.38
8	0.54	0.50	0.46	0.42	0.39	0.36
10	0.50	0.46	0.42	0.39	0.36	0.33
12	0.47	0.43	0.39	0.36	0.33	0.31
14	0.43	0.40	0.36	0.34	0.31	0.29
16	0.40	0.37	0.34	0.31	0.29	0.27
18	0.37	0.34	0.31	0.29	0.27	0.25
20	0.34	0.32	0.29	0.27	0.25	0.23
22	0.32	0.30	0.27	0.25	0.24	0.22
24	0.30	0.28	0.26	0.24	0.22	0.21
26	0.28	0.26	0.24	0.22	0.21	0.19
28	0.26	0.24	0.22	0.21	0.19	0.18
30	0.24	0.22	0.21	0.20	0.18	0.17

影响系数 φ_n **表 2-11**

ρ(%)	β \ e/h	0	0.05	0.10	0.15	0.17
0.1	4	0.97	0.89	0.78	0.67	0.63
	6	0.93	0.84	0.73	0.62	0.58
	8	0.89	0.78	0.67	0.57	0.53
	10	0.84	0.72	0.62	0.52	0.48
	12	0.78	0.67	0.56	0.48	0.44
	14	0.72	0.61	0.52	0.44	0.41
	16	0.67	0.56	0.47	0.40	0.37

续表

ρ(%)	β \ e/h	0	0.05	0.10	0.15	0.17
0.3	4	0.96	0.87	0.76	0.65	0.61
	6	0.91	0.80	0.69	0.59	0.55
	8	0.84	0.74	0.62	0.53	0.49
	10	0.78	0.67	0.56	0.47	0.44
	12	0.71	0.60	0.51	0.43	0.40
	14	0.64	0.54	0.46	0.38	0.36
	16	0.58	0.49	0.41	0.35	0.32
0.5	4	0.94	0.85	0.74	0.63	0.59
	6	0.88	0.77	0.66	0.56	0.52
	8	0.81	0.69	0.59	0.50	0.46
	10	0.73	0.62	0.52	0.44	0.41
	12	0.65	0.55	0.46	0.39	0.36
	14	0.58	0.49	0.41	0.35	0.32
	16	0.51	0.43	0.36	0.31	0.29
0.7	4	0.93	0.83	0.72	0.61	0.57
	6	0.86	0.75	0.63	0.53	0.50
	8	0.77	0.66	0.56	0.47	0.43
	10	0.68	0.58	0.49	0.41	0.38
	12	0.60	0.50	0.42	0.36	0.33
	14	0.52	0.44	0.37	0.31	0.30
	16	0.46	0.38	0.33	0.28	0.26
0.9	4	0.92	0.82	0.71	0.60	0.56
	6	0.83	0.72	0.61	0.52	0.48
	8	0.73	0.63	0.53	0.45	0.42
	10	0.64	0.54	0.46	0.38	0.36
	12	0.55	0.47	0.39	0.33	0.31
	14	0.48	0.40	0.34	0.29	0.27
	16	0.41	0.35	0.30	0.25	0.24
1.0	4	0.91	0.81	0.70	0.59	0.55
	6	0.82	0.71	0.60	0.51	0.47
	8	0.72	0.61	0.52	0.43	0.41
	10	0.62	0.53	0.44	0.37	0.35
	12	0.54	0.45	0.38	0.32	0.30
	14	0.46	0.39	0.33	0.28	0.26
	16	0.39	0.34	0.28	0.24	0.23

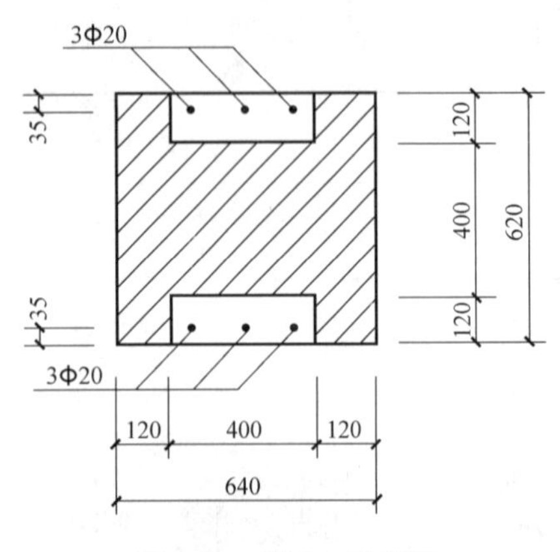

图 2-24　例 2-3 示意图

【例 2-3】 一刚性方案房屋的中柱采用组合砖砌体，截面尺寸为 640mm×640mm，如图 2-24 所示，计算高度 H_0=6500mm。承受轴向力设计值 N=1200kN，组合柱采用 MU10 黏土砖、M5 混合砂浆砌筑，C20 混凝土及 HPB300 级钢筋，试验算其承载力。

【解】

砖砌体截面面积

$$A=640\times640-2\times400\times120=313600\text{mm}^2$$
$$=0.3136\text{m}^2>0.2\text{m}^2，取\ \eta_s=1.0$$

混凝土截面面积

$$A_c=2\times400\times120=96000\text{mm}^2$$

钢筋截面面积

$$A_s'=1884\ \text{mm}^2\ (6\phi20)$$

砖砌体抗压强度设计值，查表 2-12 得

$$f=1.5\text{MPa}$$

烧结普通砖和烧结多孔砖砌体的抗压强度设计值（MPa）　　表 2-12

砖强度等级	砂浆强度等级					砂浆强度
	M15	M10	M7.5	M5	M2.5	0
MU30	3.94	3.27	2.93	2.59	2.26	1.15
MU25	3.60	2.98	2.68	2.37	2.06	1.05
MU20	3.22	2.67	2.39	2.12	1.84	0.94
MU15	2.79	2.31	2.07	1.83	1.60	0.82
MU10	—	1.89	1.69	1.50	1.30	0.67

注：当烧结多孔砖的孔洞率大于 30%时，表中数值应乘以 0.9。

混凝土轴心抗压强度设计值，查表 2-13 得

$$f_c=9.6\text{N/mm}^2$$

混凝土轴心抗压强度设计值（N/mm^2）　　表 2-13

强度	混凝土强度等级													
	C15	C20	C25	C30	C35	C40	C45	C50	C55	C60	C65	C70	C75	C80
f_c	7.2	9.6	11.9	14.3	16.7	19.1	21.1	23.1	25.3	27.5	29.7	31.8	33.8	35.9

普通钢筋抗压强度设计值，查表 2-14 得

$$f_y'=270\text{N/mm}^2$$

普通钢筋强度设计值（N/mm^2）　　表 2-14

牌　　号	抗拉强度设计值 f_y	抗压强度设计值 f_y
HPB300	270	270
HRB335、HRBF335	300	300
HRB400、HRBF400、RRB400	360	360
HRB500、HRBF500	435	410

配筋率　$$\rho=\frac{1884}{640\times640}\approx0.0046$$

高厚比　$$\beta=\frac{H_0}{h}=\frac{6500}{640}\approx10.16$$

查表 2-15 得

$$\varphi_{com}=0.91$$

$$\varphi_{com}(fA+f_cA_c+\eta_sf_y'A_s')=0.91\times(1.5\times313600+9.6\times96000+1.0\times1884\times270)$$
$$=1729618.8\text{N}\approx1729.62\text{kN}>1200\text{kN}$$

故该柱承载能力满足要求。

组合砖砌体构件的稳定系数 φ_{com} **表 2-15**

高厚比 β	配筋率 ρ(%)					
	0	0.2	0.4	0.6	0.8	≥1.0
8	0.91	0.93	0.95	0.97	0.99	1.00
10	0.87	0.90	0.92	0.94	0.96	0.98
12	0.82	0.85	0.88	0.91	0.93	0.95
14	0.77	0.80	0.83	0.86	0.89	0.92
16	0.72	0.75	0.78	0.81	0.84	0.87
18	0.67	0.70	0.73	0.76	0.79	0.81
20	0.62	0.65	0.68	0.71	0.73	0.75
22	0.58	0.61	0.64	0.66	0.68	0.70
24	0.54	0.57	0.59	0.61	0.63	0.65
26	0.50	0.52	0.54	0.56	0.58	0.60
28	0.46	0.48	0.50	0.52	0.54	0.56

注：组合砖砌体构件截面的配筋率 $\rho=A'_s/bh$。

3 砌块砌体房屋构造与应用

3.1 芯柱与基础连接构造

1. 芯柱

芯柱立面图，如图 3-1 所示。

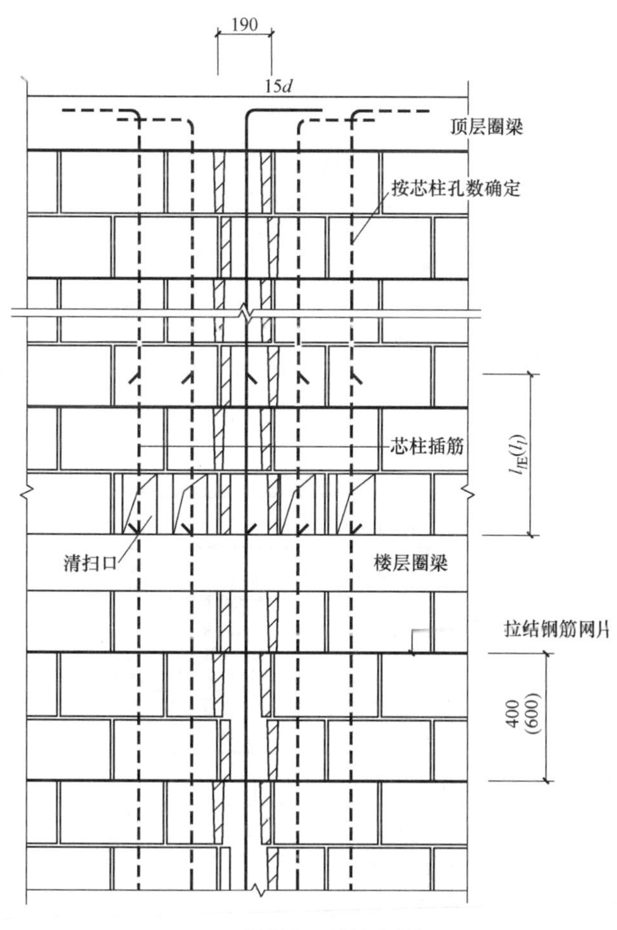

图 3-1 芯柱立面

（1）混凝土砌块砌体墙纵横墙交接处、墙段两端和较大洞口两侧宜设置不少于单孔的芯柱。

（2）有错层的多层房屋，错层部位应设置墙，墙中部的钢筋混凝土芯柱间距宜适当加密，在错层部位纵横墙交接处宜设置不少于 4 孔的芯柱；在错层部位的错层楼板位置尚应设置现浇钢筋混凝土圈梁。

（3）为提高墙体抗震受剪承载力而设置的芯柱，宜在墙体内均匀布置，最大间距不宜大于 2.0m。当房屋层数或高度等于或接近表 2-6 中限值时，纵、横墙内芯柱间距尚应符合下列要求：

1）底部 1/3 楼层横墙中部的芯柱间距，7、8 度时不宜大于 1.5m；9 度时不宜大于 1.0m。

2）当外纵墙开间大于 3.9m 时，应另设加强措施。

（4）砌块砌体拉结筋网片设置要求，如表 3-1 所示。

砌块砌体拉结筋网片设置要求　　表 3-1

构造要求	非抗震全部楼层	6、7 度底部 1/3 楼层	8 度底部 1/2 楼层	8 度乙类全部楼层	上述以外楼层
拉结钢筋水平长度	600	通长	通长	通长	通长
拉结钢筋竖向间距	600	400	400	400	600

注：1. 砌块砌体水平拉结钢筋采用 $\phi 4$ 点焊钢筋网片。

2. 灰缝中水平拉结钢筋保护层厚度至墙边为 15～20mm。

3. 拉结钢筋网片应埋入砂浆或混凝土中。

（5）芯柱插筋设置要求，如表 3-2 所示。

芯柱插筋设置要求　　表 3-2

构造要求	非抗震全部楼层	6、7 度超过五层	8 度超过四层	8 度乙类	上述以外建筑
最小插筋要求	$1\phi 10$	$1\phi 14$	$1\phi 14$	$1\phi 14$	$1\phi 12$

注：1. 除图 3-1 中有说明之外，钢筋搭接长度 l_{lE}（l_l）和锚固长度 l_{aE}（l_a）见表 2-4。

2. 芯柱的混凝土强度等级不应低于 Cb20。

2. 芯柱与基础的连接

芯柱与基础的连接，如图 3-2 所示。

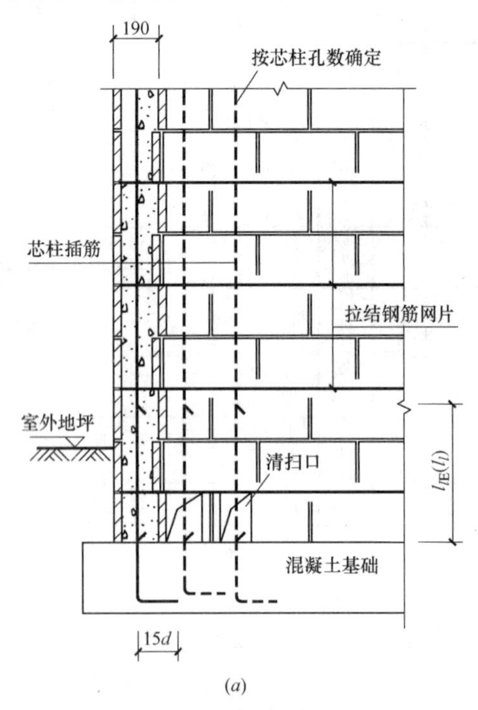

图 3-2　芯柱与基础的连接（一）

（a）锚入基础

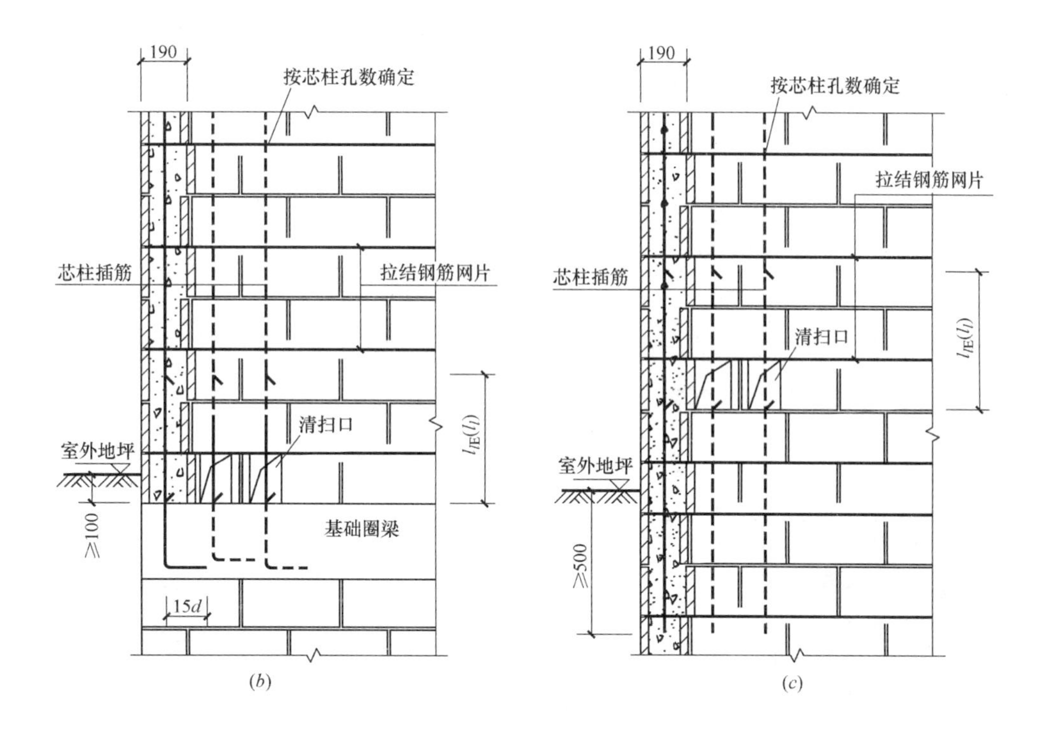

图 3-2　芯柱与基础的连接（二）

（b）锚入基础圈梁；（c）锚入基础墙

（1）层数和高度接近规定限值以及芯柱处墙体需搁置梁时，芯柱的纵筋宜锚入基础内。

（2）芯柱的混凝土强度等级不应低于 Cb20，±0.000 以下砌块内的孔洞用不低于 Cb20 的混凝土灌实。

（3）基础圈梁截面高度应不小于 200mm，纵筋不小于 4ϕ14，箍筋不小于 ϕ6@200。

（4）水平拉结钢筋为 ϕ4 点焊钢筋网片。

（5）砌块砌体基础材料的强度等级应符合表 3-3 的要求。

砌块砌体基础材料要求　　表 3-3

基础的潮湿程度	混凝土砌块强度等级	水泥砂浆强度等级
稍潮湿的	≥MU7.5	≥M5
很潮湿的	≥MU10	≥M7.5
含水饱和的	≥MU15	≥M10

注：±0.000 以下混凝土砌块砌体基础的孔洞采用强度等级不低于 Cb20 的混凝土灌实。

3. 替代芯柱的构造柱与基础连接

砌块砌体房屋采用构造柱代替芯柱时，应符合表 3-4 的要求。

替代芯柱的构造柱与基础连接，如图 3-3 所示。

砌块砌体房屋替代芯柱的构造柱设置要求 **表 3-4**

烈　　度	6、7度		8度		8度(乙类)
构造柱截面	不宜小于 190mm×190mm				
构造柱纵筋	≤5层	>5层	≤4层	>4层	全部楼层
	≥4ϕ12	≥4ϕ14	≥4ϕ12	≥4ϕ14	≥4ϕ14
箍筋(非加密区/加密区)	ϕ6@250/125	ϕ6@200/100	ϕ6@250/125	ϕ6@200/100	ϕ6@200/100
水平拉结筋	底部 1/3 楼层沿墙高间隔 400mm，其余楼层沿墙高间隔 600mm 通长布置		底部 1/2 楼层沿墙高间隔 400mm，其余楼层沿墙高间隔 600mm 通长布置		全部楼层沿墙高间隔 400mm 通长布置
构造柱与墙的连接	与砌块墙连接处应砌成马牙槎，相邻砌块孔洞 6 度时宜灌孔，7 度时应灌孔		与砌块墙连接处应砌成马牙槎，相邻砌块孔洞应灌孔并插筋 1ϕ14		

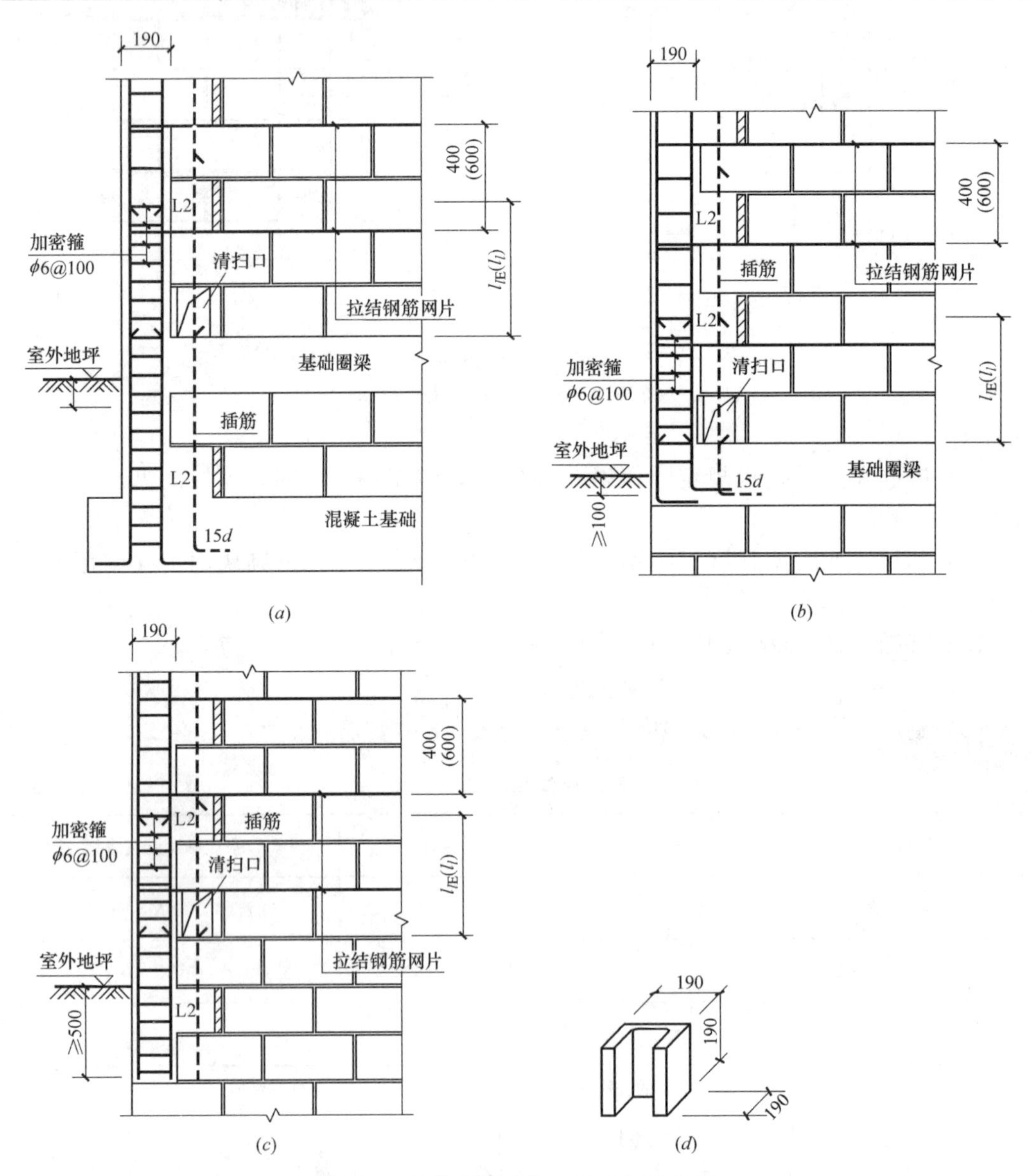

图 3-3　替代芯柱的构造柱与基础连接

(a) 边柱与基础连接；(b) 边柱与基础圈梁连接；(c) 边柱与基础墙连接；(d) L2 型砌块

（1）构造柱混凝土强度等级不应低于 C20。

（2）±0.000 下砌体材料的强度等级应符合表 3-3 的要求。

（3）构造柱与砌块墙连接处应砌成马牙槎，与构造柱相邻的砌块孔洞，6 度时宜填实，7 度时应填实，8 度应填实并插筋 1ϕ14。

（4）替代芯柱的构造柱配筋和构造要求与砖砌体房屋中的构造柱要求相同。

3.2 柱与墙拉结构造

1. 无芯柱墙体拉结

无芯柱墙体拉结，如图 3-4 所示。

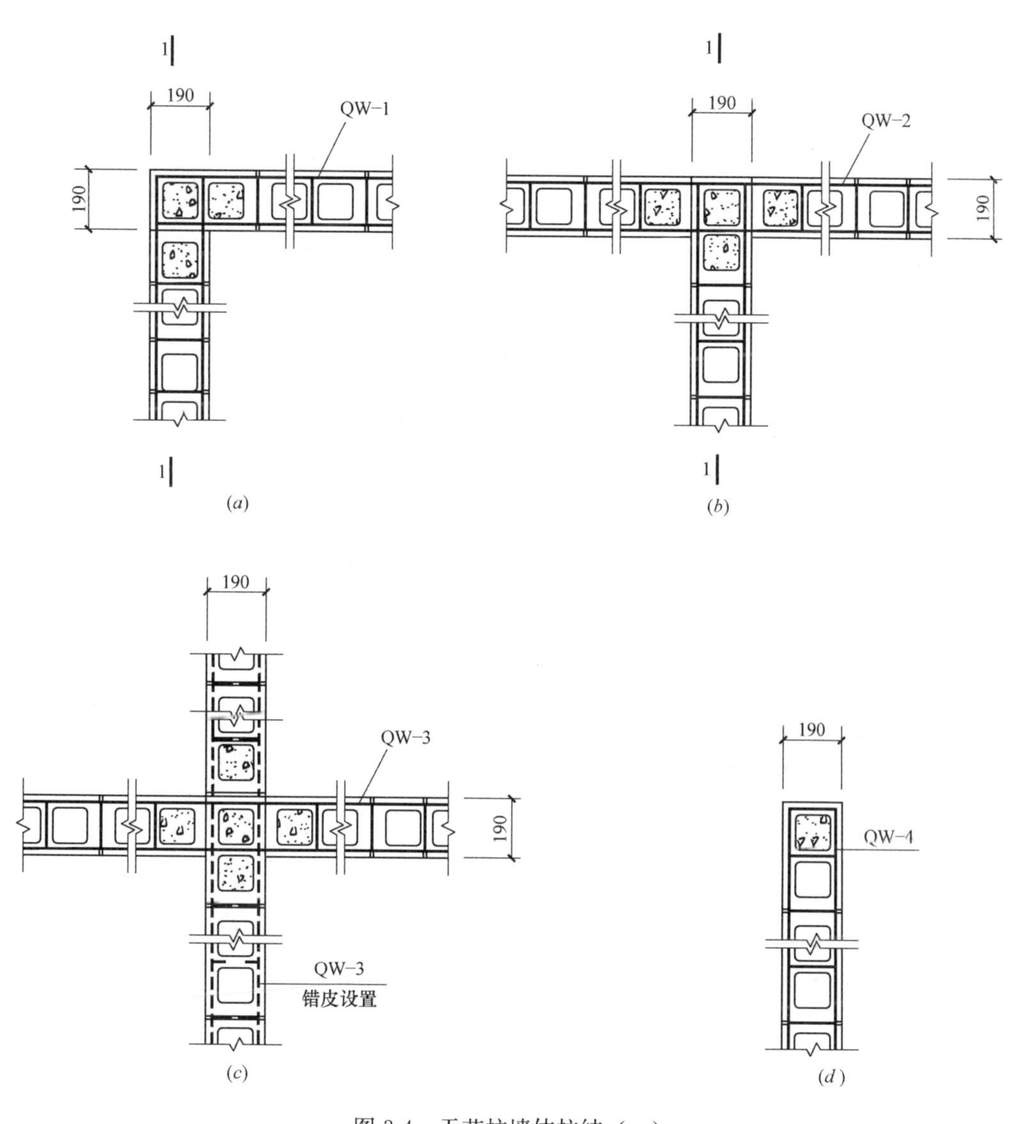

图 3-4 无芯柱墙体拉结（一）

（a）转角墙；（b）丁字墙；（c）十字墙；（d）墙端

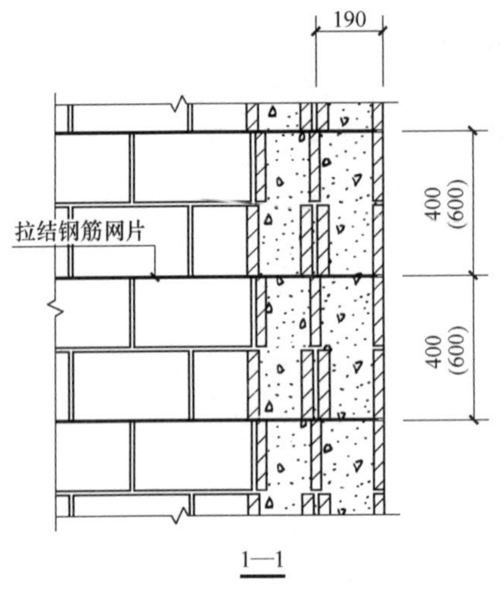

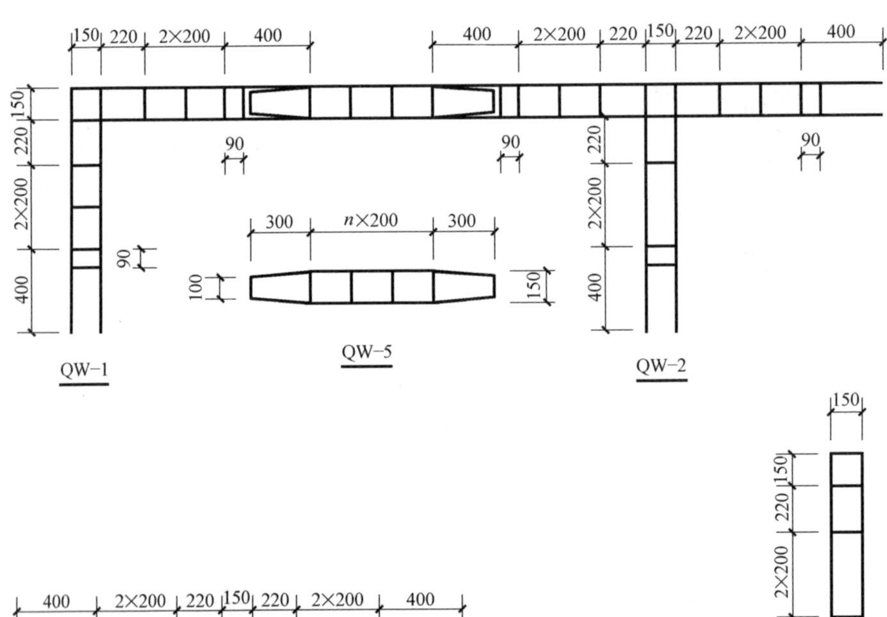

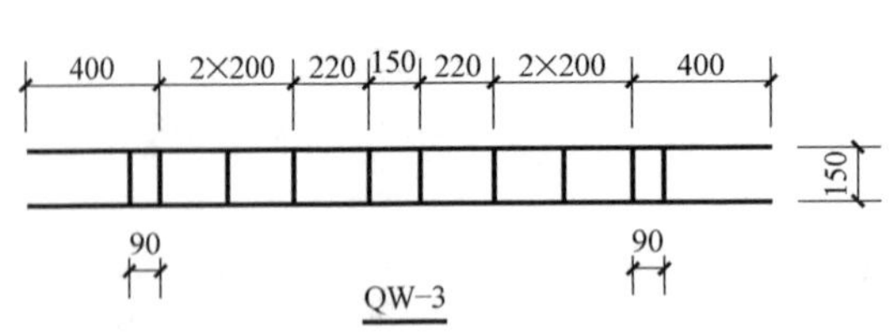

图 3-4　无芯柱墙体拉结（二）

（1）混凝土砌块房屋，宜在无插筋芯柱和构造柱的纵横墙交接处，距墙中心线每边不小于 300mm 范围内的孔洞，采用不低于 Cb20 混凝土沿墙全高灌实。

（2）拉结钢筋网片设置要求，如表 3-1 所示。

（3）低层房屋和非抗震设防区的多层砌块房屋也可参照图 3-4 节点做法。

2. 后砌隔墙与墙体拉结

后砌隔墙与墙体拉结，如图 3-5 所示。

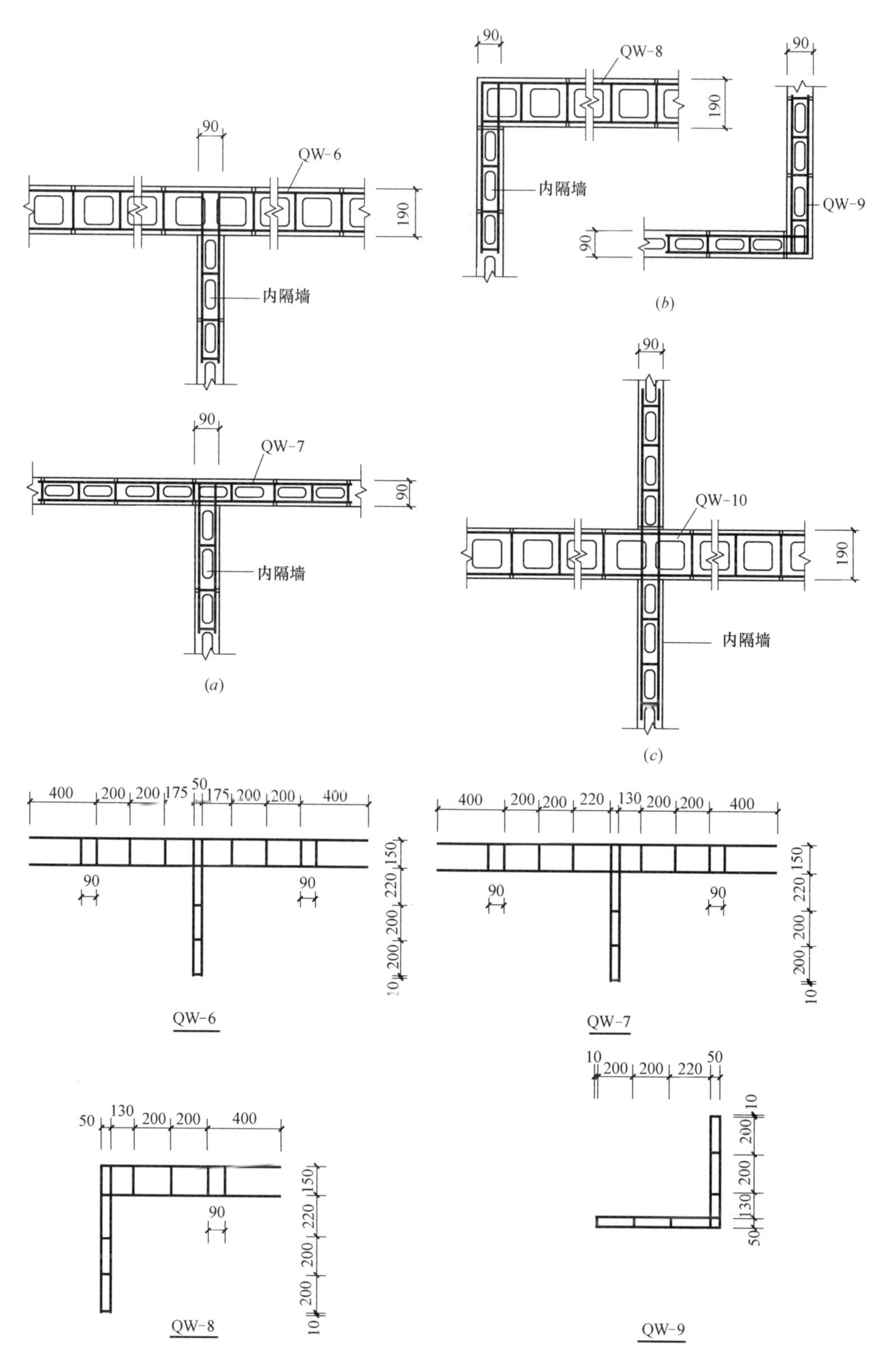

图 3-5　后砌隔墙与墙体拉结（一）

（*a*）丁字墙；（*b*）转角墙；（*c*）十字墙

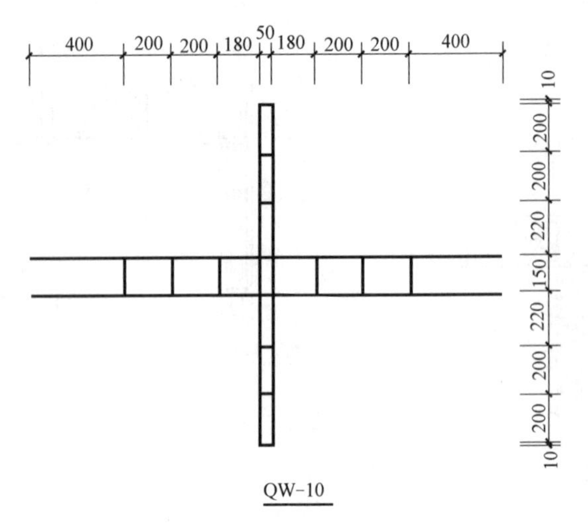

图 3-5　后砌隔墙与墙体拉结（二）

（1）图 3-5 用于砌块承重墙和隔墙的拉结，拉结钢筋网片沿墙高 400mm 设置。

（2）承重墙部分的拉结钢筋网片需通长设置时，网片搭接可参照图 3-4 的做法。

（3）当钢筋网片无法埋在砌筑砂浆中时，应做防锈处理或局部灌实一皮。

3. 芯柱与墙体拉结

芯柱与墙体拉结，如图 3-6 所示。

（1）拉结钢筋网片和芯柱插筋设置要求，如表 3-1、表 3-2 所示。

（2）为提高墙体受剪承载力而设置的芯柱，宜在墙体内均匀布置且应根据具体工程设计计算确定，最大间距不宜大于 2m。

（3）丙类砌块砌体房屋，当横墙较少且总高度和层数接近或达到表 2-6 规定的限值时，所有纵横墙交接处及横墙中部应设置加强芯柱（不少于 2 孔），芯柱应根据具体工程设计确定，芯柱插筋不应小于 $\phi18$，最大间距不宜大于 3m。

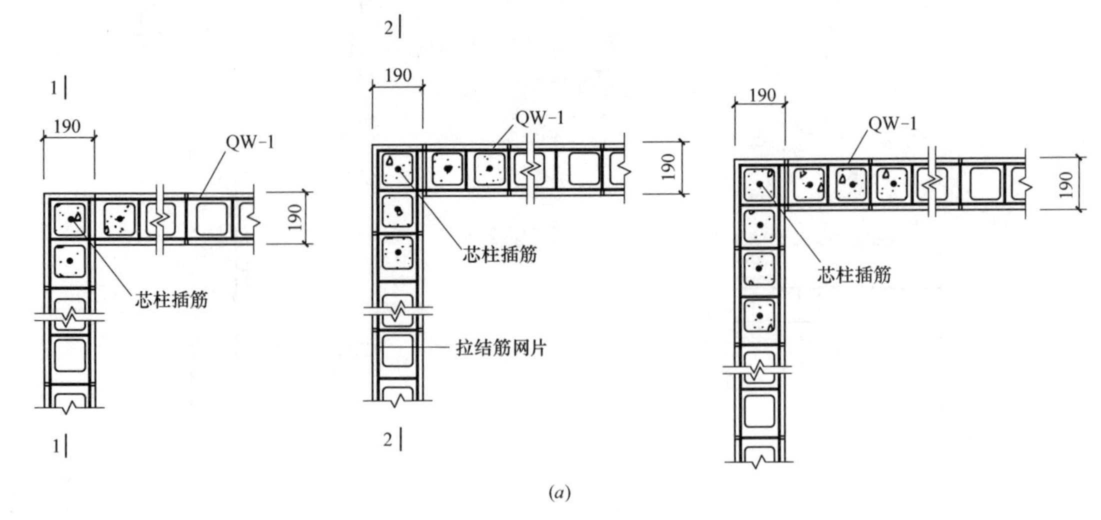

图 3-6　芯柱与墙体拉结（一）

（a）转角墙

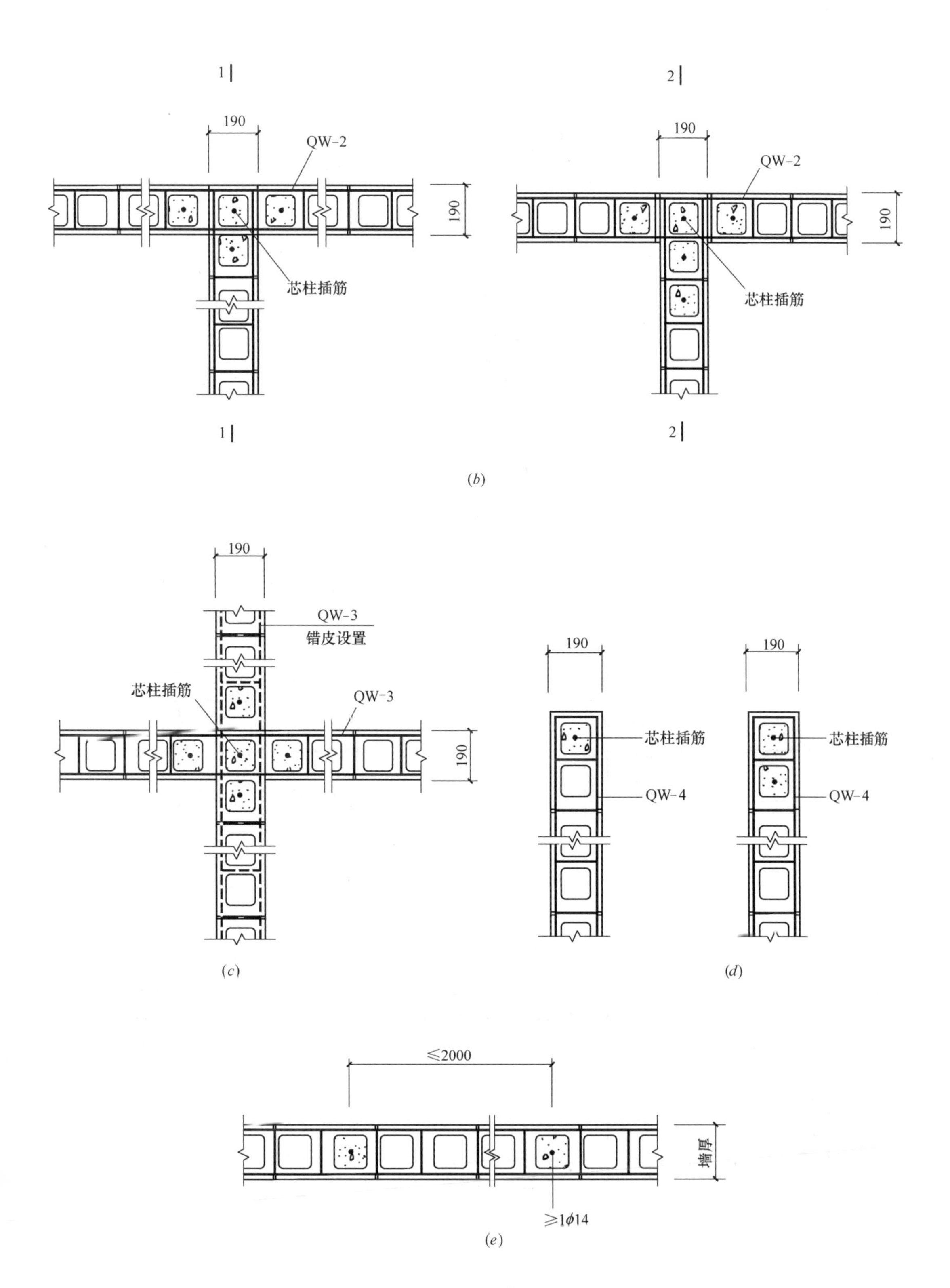

图 3-6　芯柱与墙体拉结（二）

（*b*）丁字墙；（*c*）十字墙；（*d*）墙端；（*e*）墙体抗剪芯柱

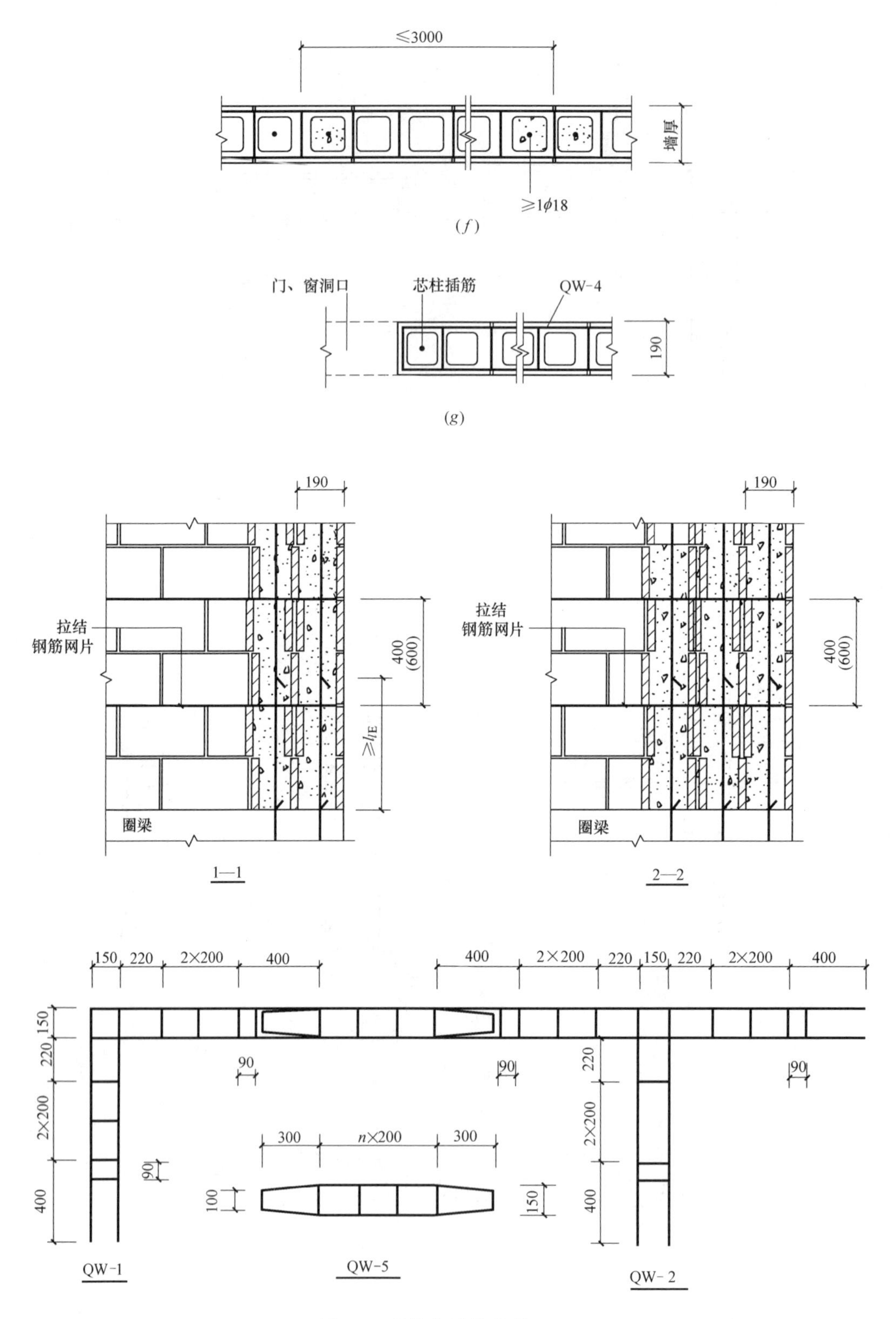

图 3-6 芯柱与墙体拉结（三）

(f) 墙体加强芯柱；(g) 门窗洞口处

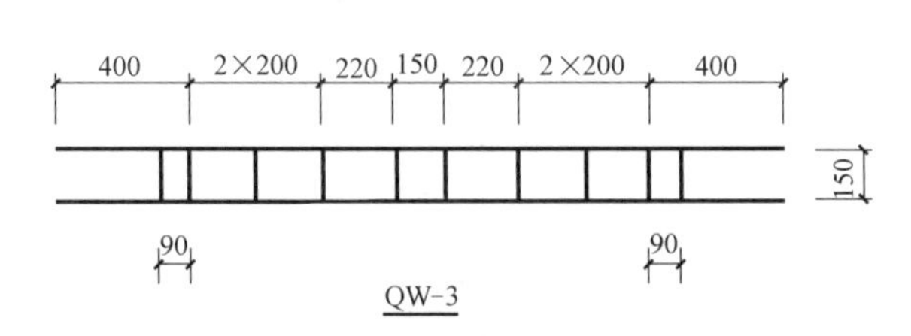

图 3-6　芯柱与墙体拉结（四）

4. 构造柱与墙体拉结

构造柱与墙体拉结，如图 3-7 所示。

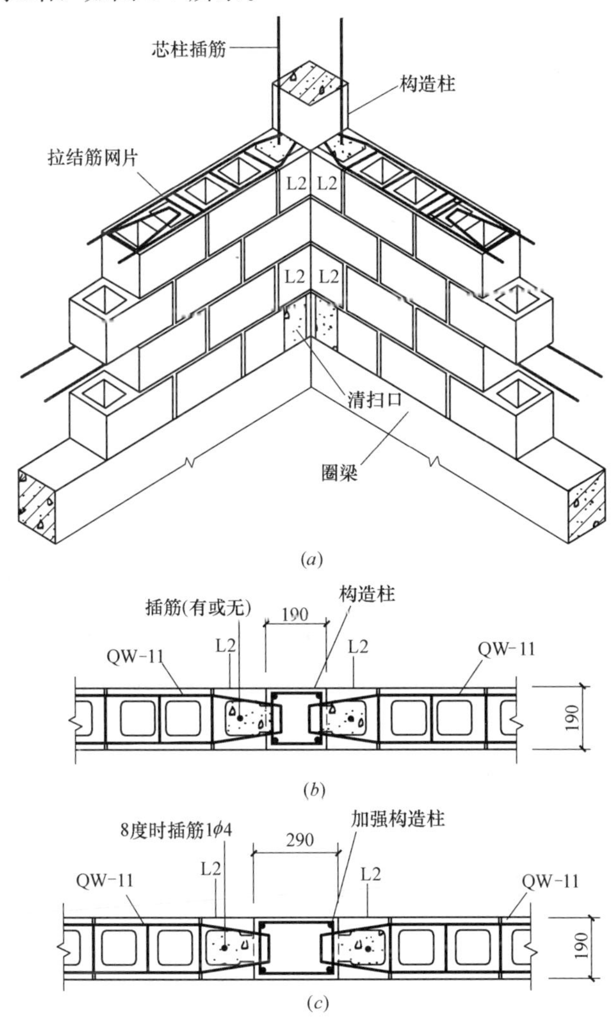

图 3-7　构造柱与墙体拉结（一）

（a）转角墙体拉结示意图；（b）墙体中部构造柱；（c）墙体中部加强构造柱

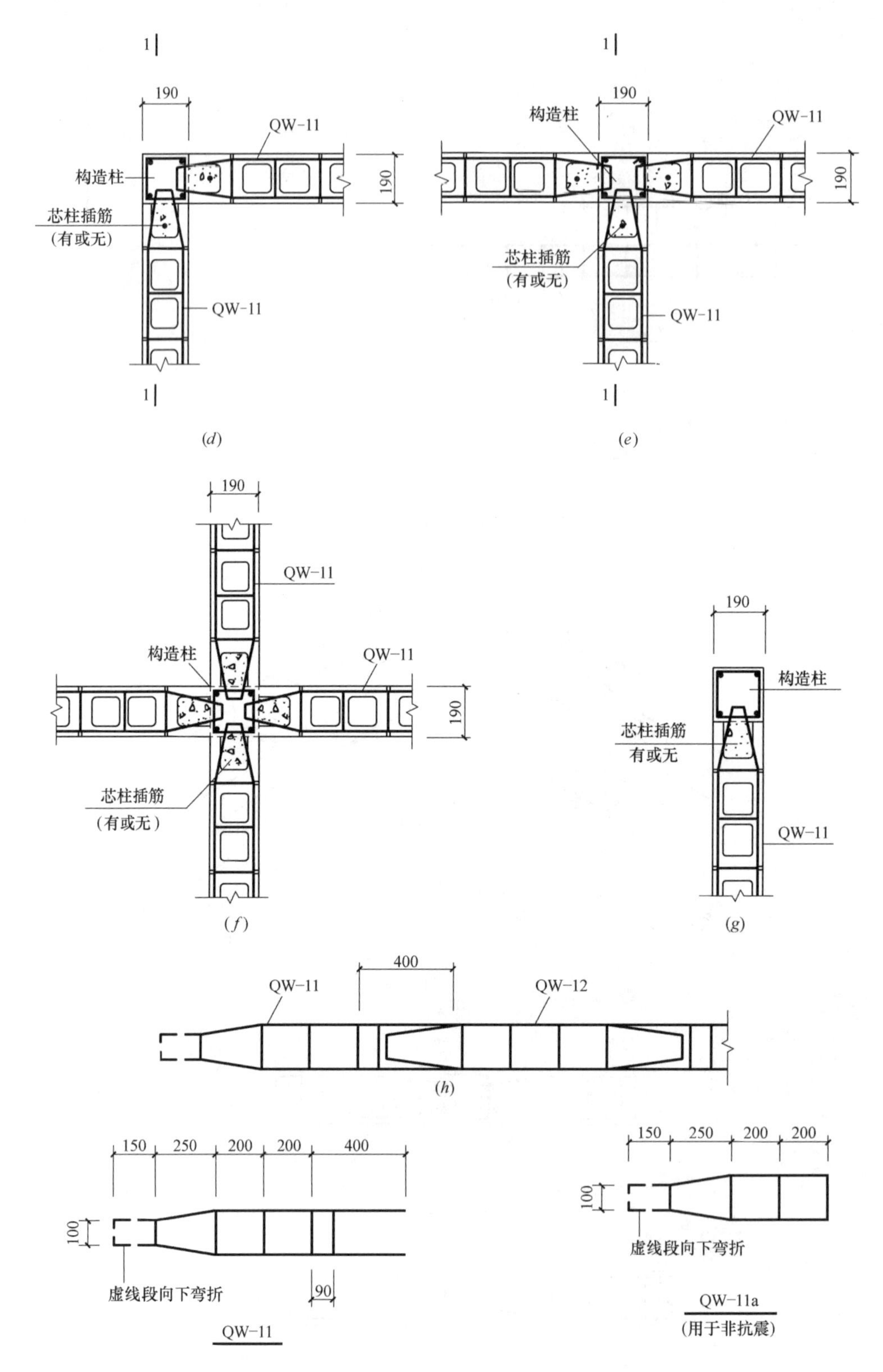

图 3-7 构造柱与墙体拉结（二）

（*d*）转角墙；（*e*）丁字墙；（*f*）十字墙；（*g*）墙端；（*h*）网片搭接示意图

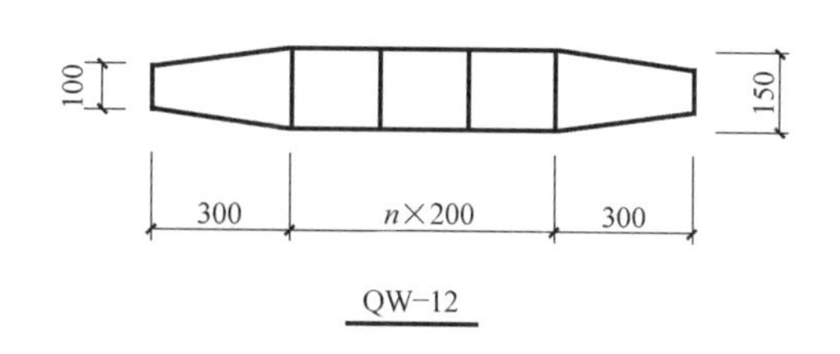

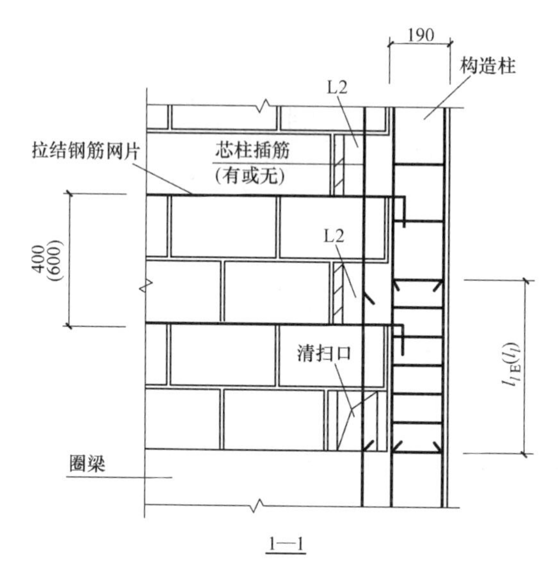

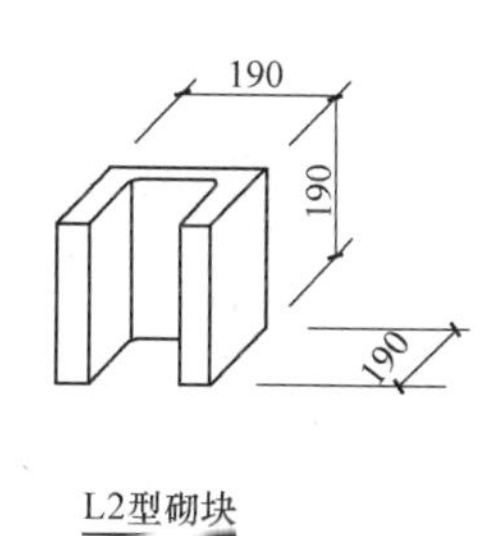

图 3-7 构造柱与墙体拉结（三）

（1）图 3-7 适用于砌块砌体房屋中构造柱替代芯柱与墙体的拉结。

（2）构造柱配筋及相邻芯柱插筋应符合表 3-5 的规定。

砌块砌体中构造柱配筋 **表 3-5**

	非抗震全部楼层	6、7 度超过五层	8 度超过四层	8 度乙类建筑	上述以外建筑
构造柱最小截面/mm	190×190	190×190	190×190	190×190	190×190
纵向钢筋	4ϕ10	4ϕ14	4ϕ14	4ϕ14	4ϕ12
箍筋	ϕ6@250	ϕ6@200	ϕ6@200	ϕ6@200	ϕ6@250
箍筋加密区	—	ϕ6@100	ϕ6@100	ϕ6@100	ϕ6@125

注：1. 房屋四角的构造柱应适当加大截面和配筋，构造柱最小截面尺寸为 190mm×190mm，纵筋不少于 4ϕ14。

2. 构造柱与砌块墙连接处应隔皮设置 L2 型砌块构成马牙槎，其相邻的孔洞，6 度时宜填实，7 度应填实，8 度及 8 度乙类应填实并插筋 1ϕ14。

（3）构造柱混凝土强度不低于 C20，灌孔混凝土强度不低于 Cb20。相邻孔洞的插筋应符合表 3-5 注 2 的规定。

（4）加强构造柱在纵横墙交接处及横墙中部的柱距不宜大于 3m。

3.3 梁与柱连接构造

1. 扶壁柱构造

扶壁柱构造，如图 3-8 所示。

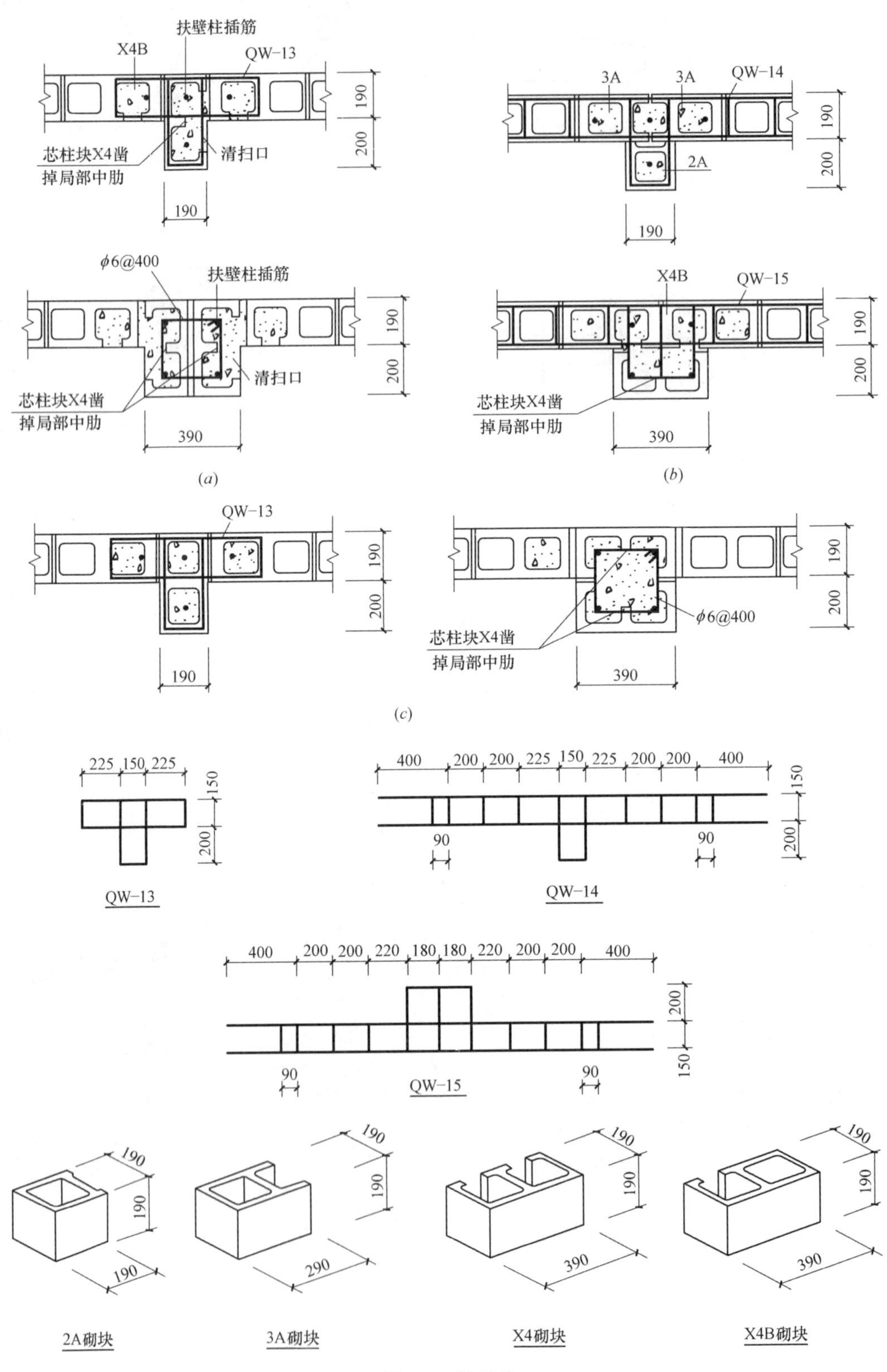

图 3-8　扶壁柱

(a) 第一皮；(b) 偶数皮；(c) 奇数皮

（1）砌块砌体的扶壁柱应灌孔插筋，灌孔混凝土强度等级不低于 Cb20，插筋直径根据设计要求设置，且不小于表 3-2 的要求。

（2）水平拉结筋网片设置要求，如表 3-1 所示。

2. 梁与芯柱连接

梁与芯柱连接，如图 3-9 所示。

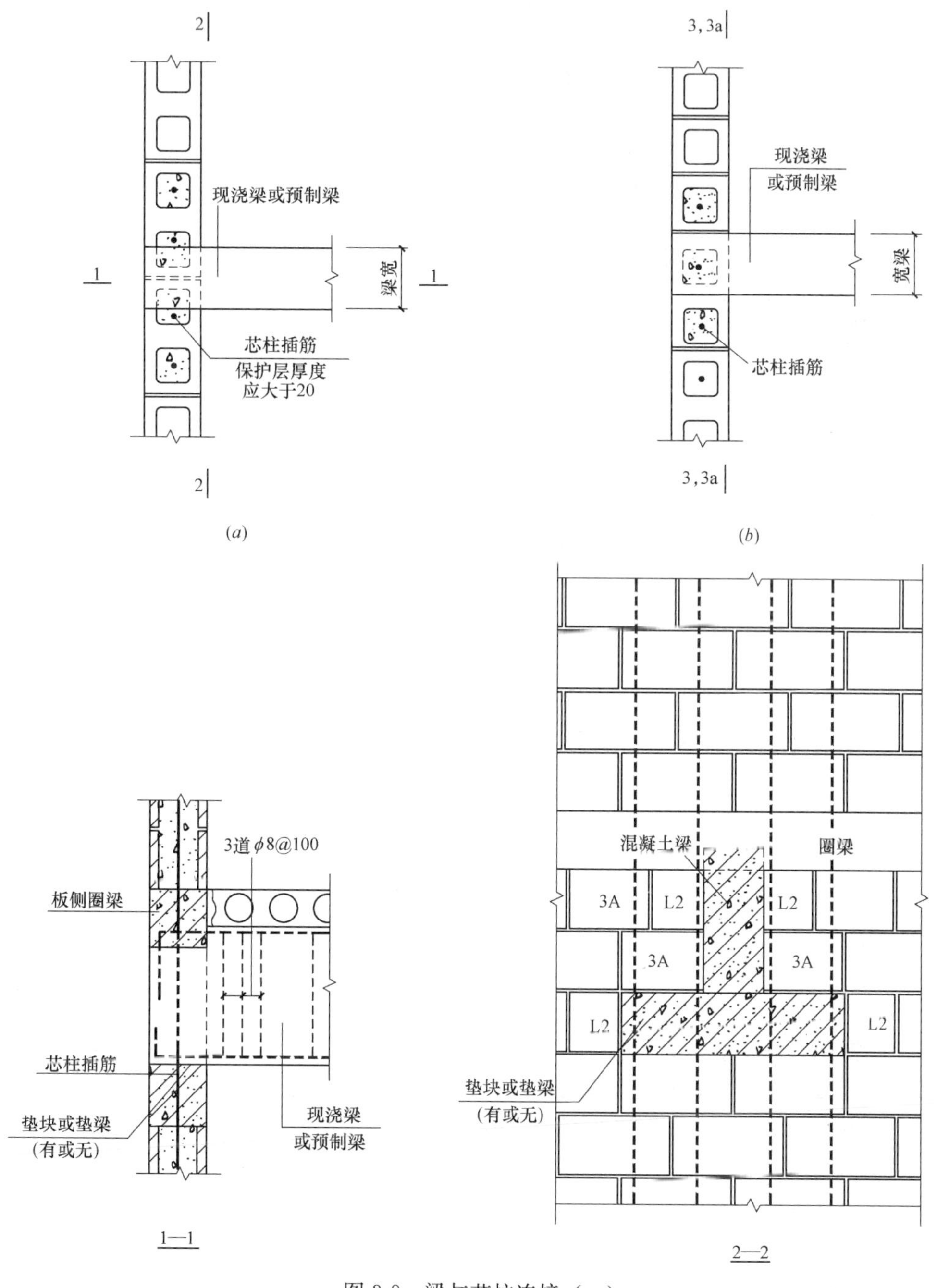

图 3-9　梁与芯柱连接（一）

（a）梁搁在芯柱之间；（b）梁搁在芯柱上

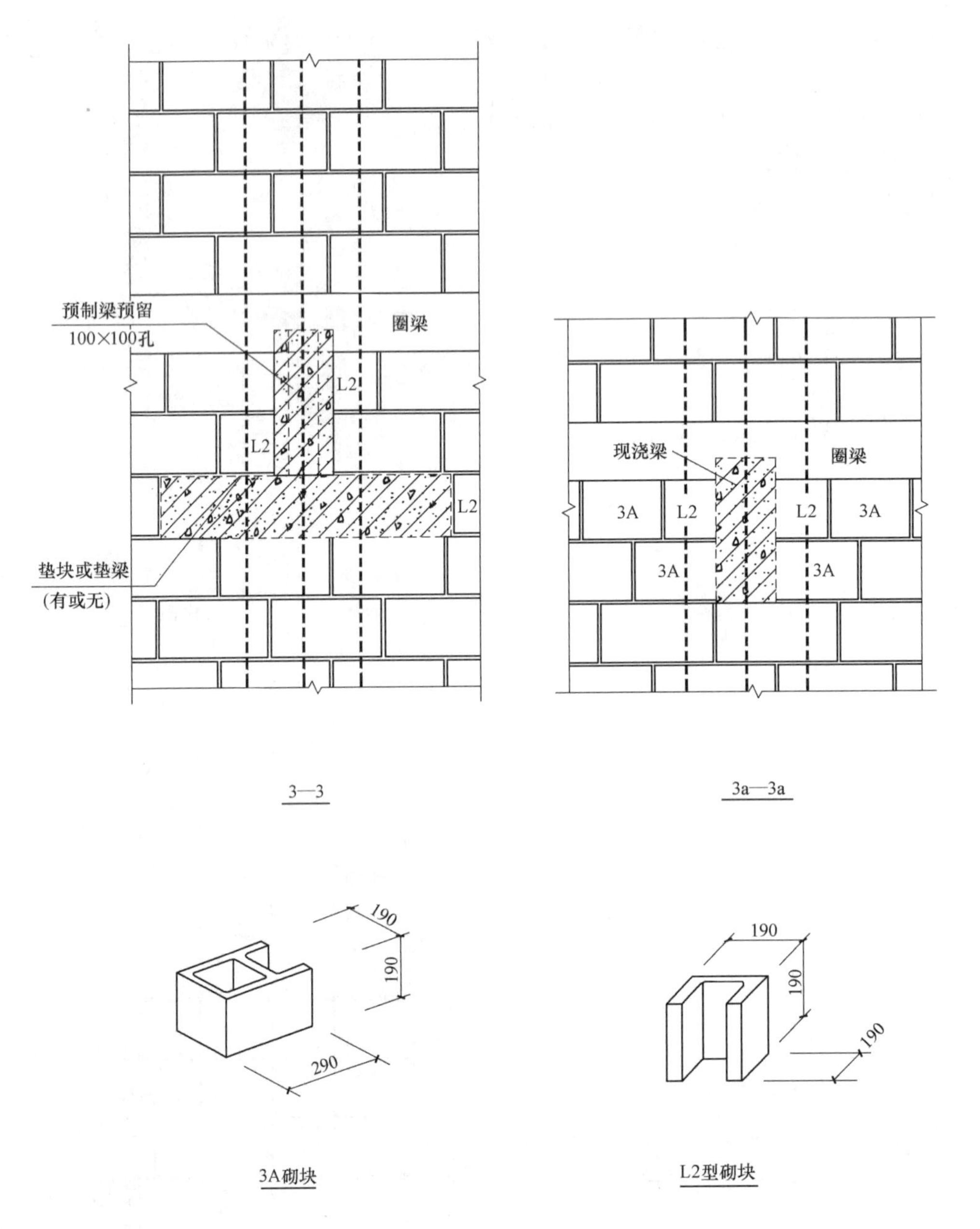

图 3-9 梁与芯柱连接（二）

（1）应根据具体工程设计计算确定梁下垫块或垫梁。

（2）非抗震设防时，如计算满足要求，梁下可不设插筋芯柱，但此时应于梁支承处下三皮砌块，宽度 600mm 范围内采用 Cb20 混凝土灌实，也可在梁下设置垫块或垫梁。

3. 梁与扶壁柱连接

梁与扶壁柱连接，如图 3-10 所示。

（1）当梁跨大于 7.2m 时，预制梁的端部应采用 2ϕ12 锚筋与垫块锚固。

（2）扶壁柱旁的现浇板带应根据工程实际情况按设计计算确定。

（3）垫块计算面积应取壁柱范围内的面积，不计翼缘部分。

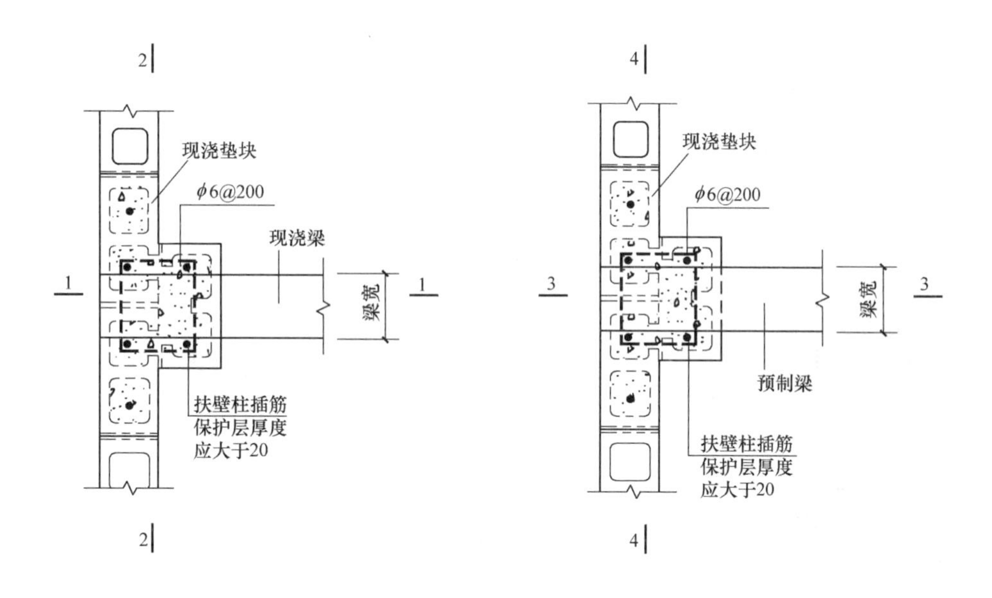

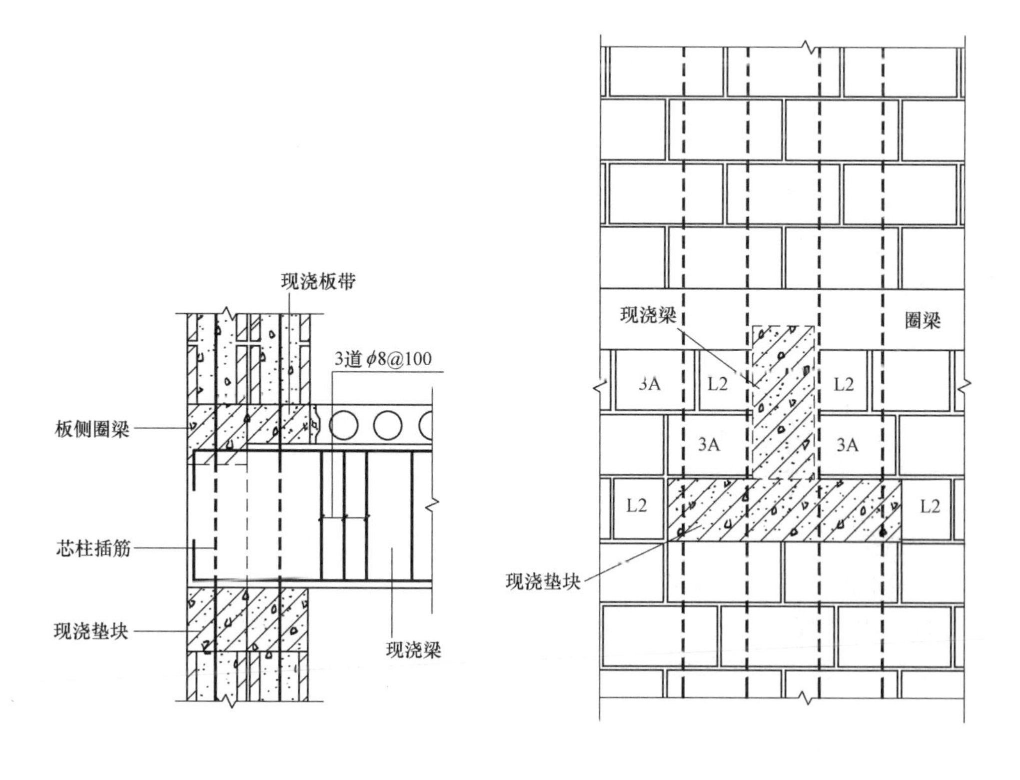

图 3-10　梁与扶壁柱连接（一）

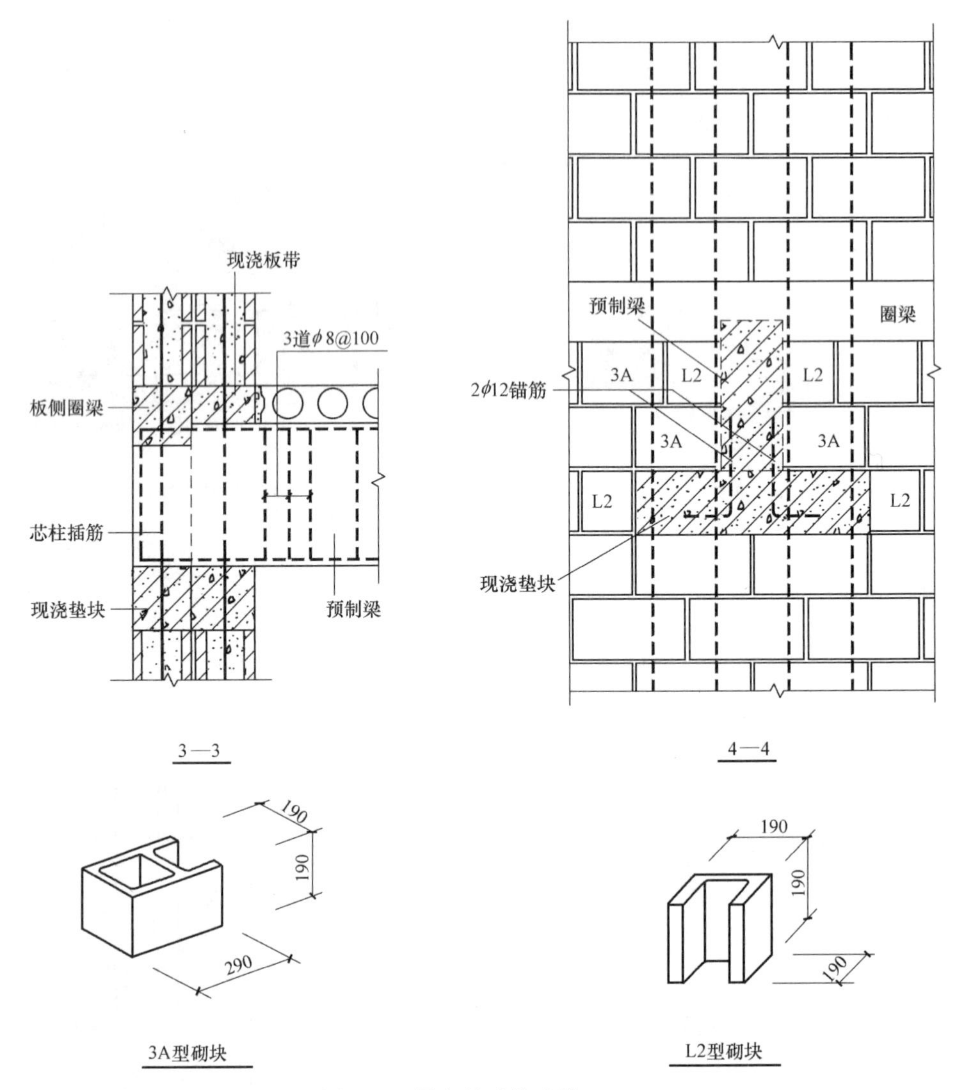

图 3-10 梁与扶壁柱连接（二）

3.4 圈梁、挑梁构造

1. 圈梁构造

圈梁构造节点，如图 3-11 所示。

圈梁的截面宽度宜取墙宽且不应小于 190mm，配筋宜符合表 3-6 的要求，箍筋直径不小于 $\phi6$；基础圈梁的截面宽度宜取墙宽，截面高度不应小于 200mm，纵筋不应少于 $4\phi14$。

砌块砌体房屋圈梁配筋要求 **表 3-6**

配　筋	非抗震	6 度、7 度	8 度	8 度乙类
最小纵筋	$4\phi10$	$4\phi10$	$4\phi12$	$4\phi14$
箍筋	$\phi6$@300	$\phi6$@250	$\phi6$@200	$\phi6$@150
圈梁高度(mm)	≥200			

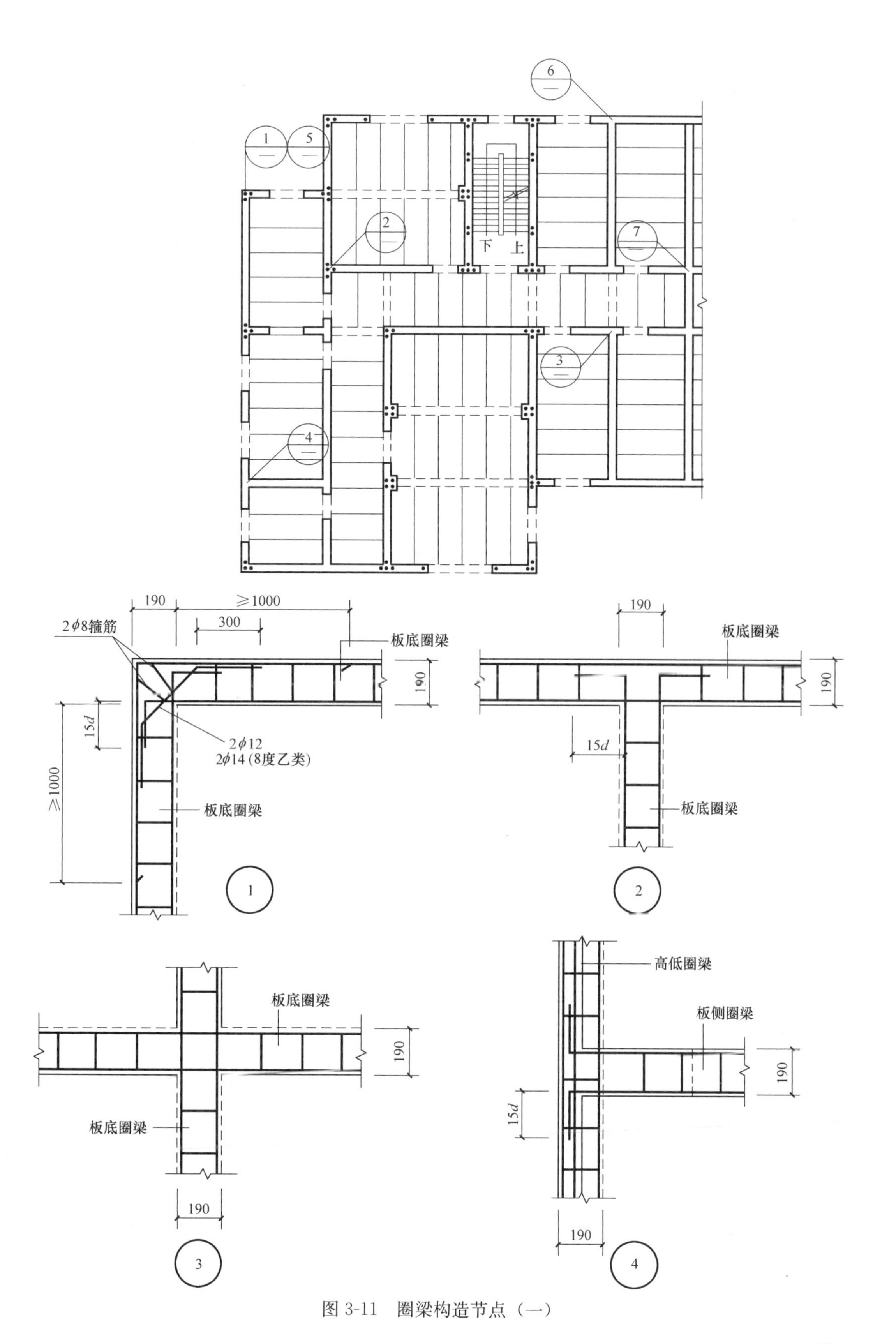

图 3-11　圈梁构造节点（一）

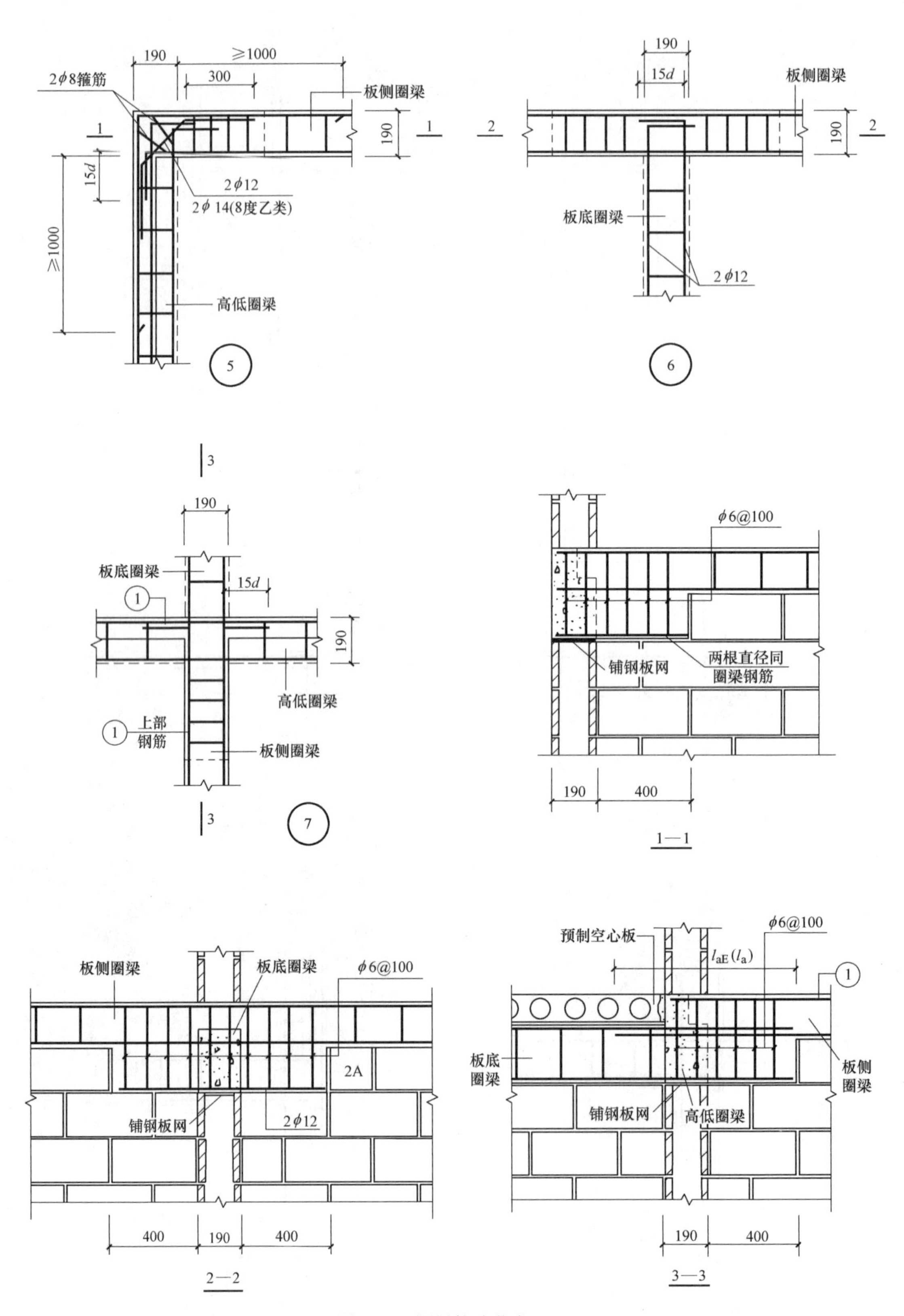

图 3-11　圈梁构造节点（二）

2. 挑梁构造

挑梁构造，如图 3-12 所示。

（1）挑梁宽度宜为墙厚，高度宜符合砌块模数，混凝土强度等级大于等于 C20，挑梁受力钢筋（含箍筋）按具体工程设计，其中①筋不少于 2ϕ14，②筋伸入支座的长度不应小于 $2/3L_1$ 且不少于 1ϕ12，箍筋不小于 ϕ6@200。挑梁构造筋③不小于 2ϕ12。

（2）预制挑梁纵向钢筋至少应有 1/2 的钢筋面积且不少于 2ϕ12 伸入支座，其余钢筋伸入支座的长度不应小于 $2/3L_1$。设防烈度为 6～8 度时，挑梁纵向钢筋应沿梁长通长设置。

（3）挑梁埋入砌体长度 L_1 与挑出长度 L 之比应根据具体工程由设计计算确定。L_1/L

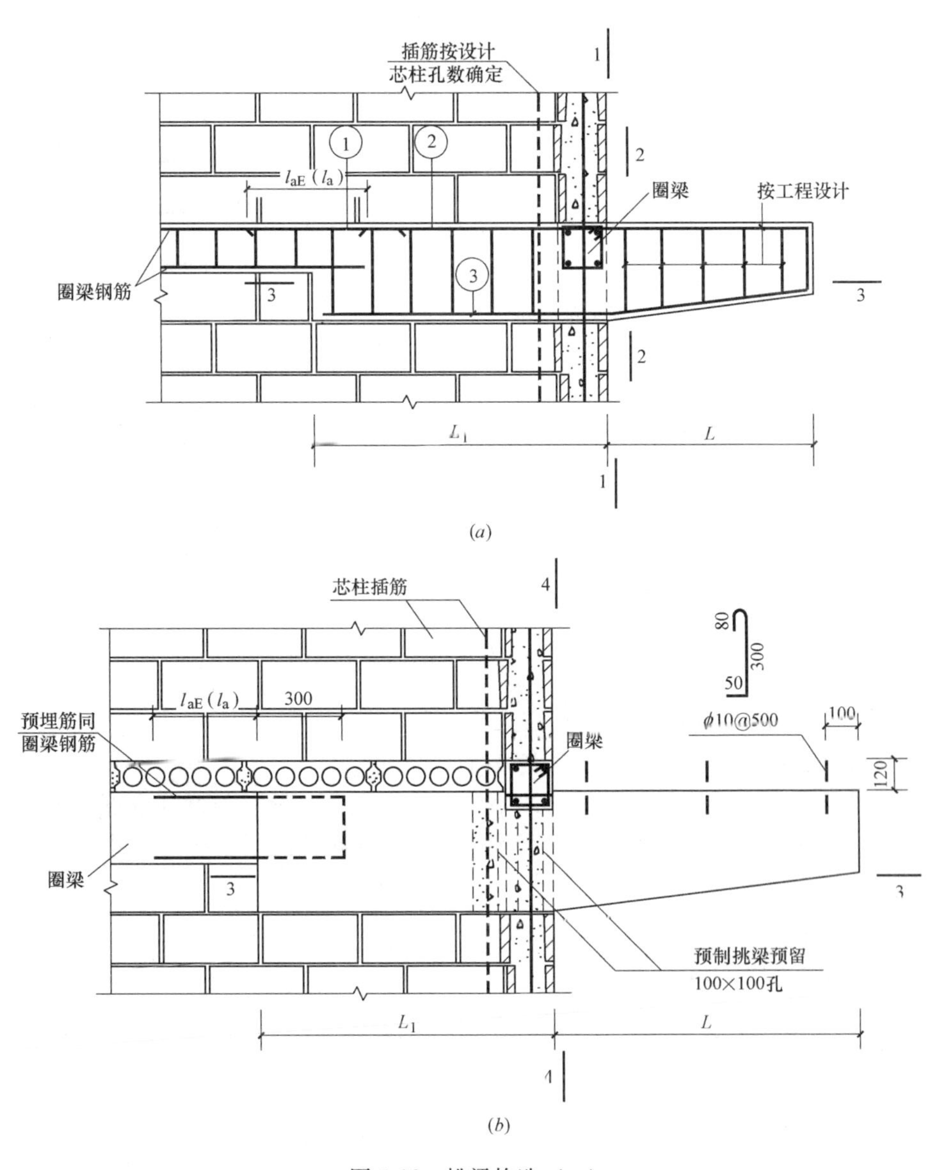

图 3-12　挑梁构造（一）

（a）现浇挑梁构造；（b）预制挑梁构造

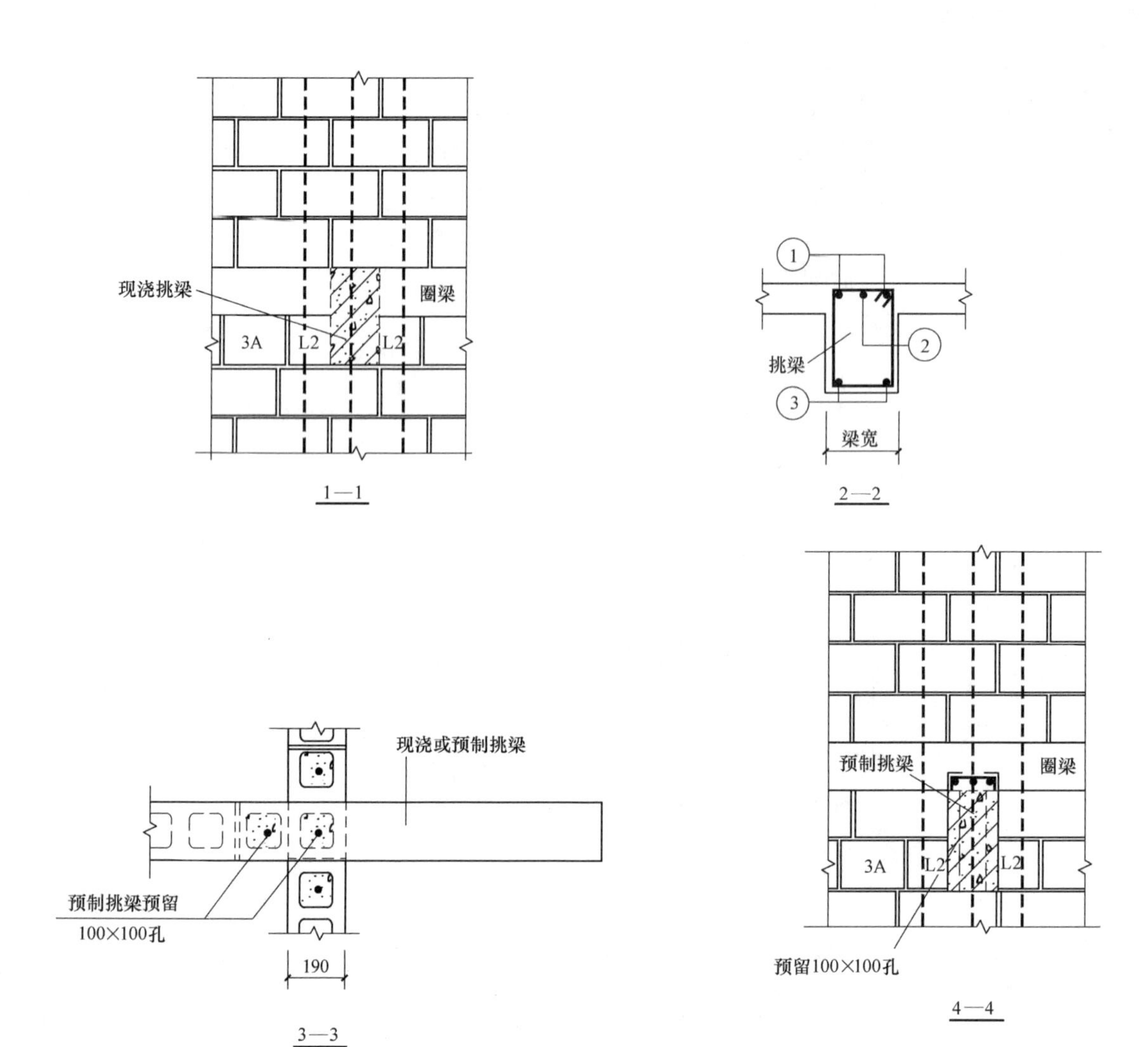

图 3-12　挑梁构造（二）

宜大于 1.5，当 L_1 上无砌体时，L_1/L 宜大于 2.5。

（4）与挑梁连接的圈梁截面高度不应小于 200mm。

（5）挑梁支座处横墙（与梁轴平行）不少于 2 个孔、纵墙（与梁轴垂直）不少于 3 个孔应设置芯柱，插筋不小于 1ϕ14，采用不低于 Cb20 的灌孔混凝土将孔洞灌实，且应满足设计计算要求。

3.5　预制空心板构造

1. 预制空心板支承构造

预制空心板支承构造，如图 3-13 所示。

（1）图 3-13（*a*）适用于非抗震设防时的楼、屋盖和 6 度时除房屋端部大房间外的楼盖；图 3-13（*b*）～图 3-13（*e*）适用于抗震设防烈度为 6～8 度时房屋的楼、屋盖。

（2）坐浆采用 M5 砂浆，厚 10mm。预制板板端用 C25 细石混凝土灌实。

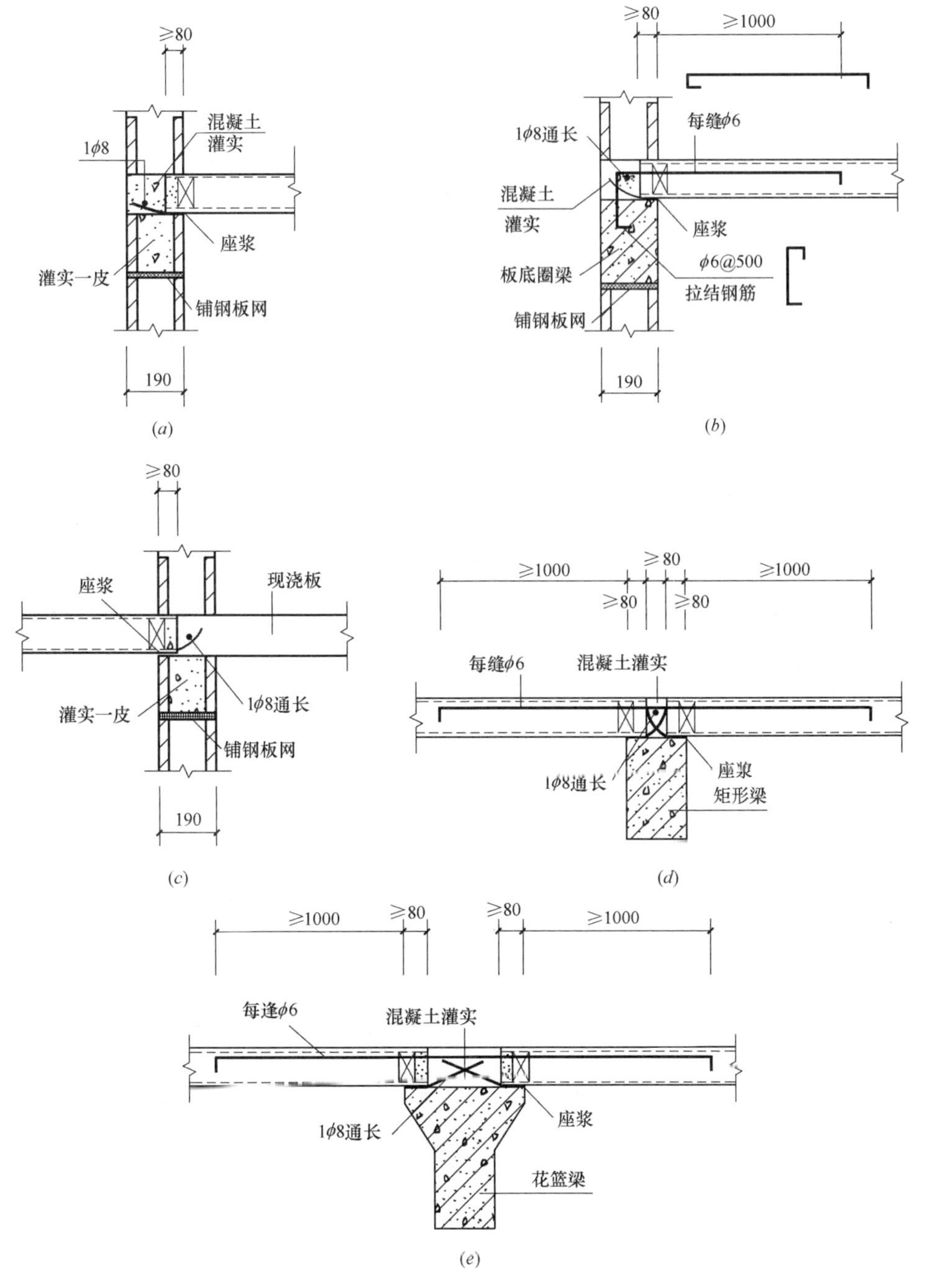

图 3-13　预制空心板支承构造

（3）板面设置厚度不小于 50mm 的 C25 混凝土现浇面层，配 φ6@250 钢筋网片。

（4）板支承于内墙时，板端胡子筋伸出长度不小于 100mm，板支承于外墙时不小于 120mm。

（5）墙体两侧均支承预制空心板时应采用硬架支模。

2. 预制空心板硬架支模构造

预制空心板硬架支模构造，如图 3-14 所示。

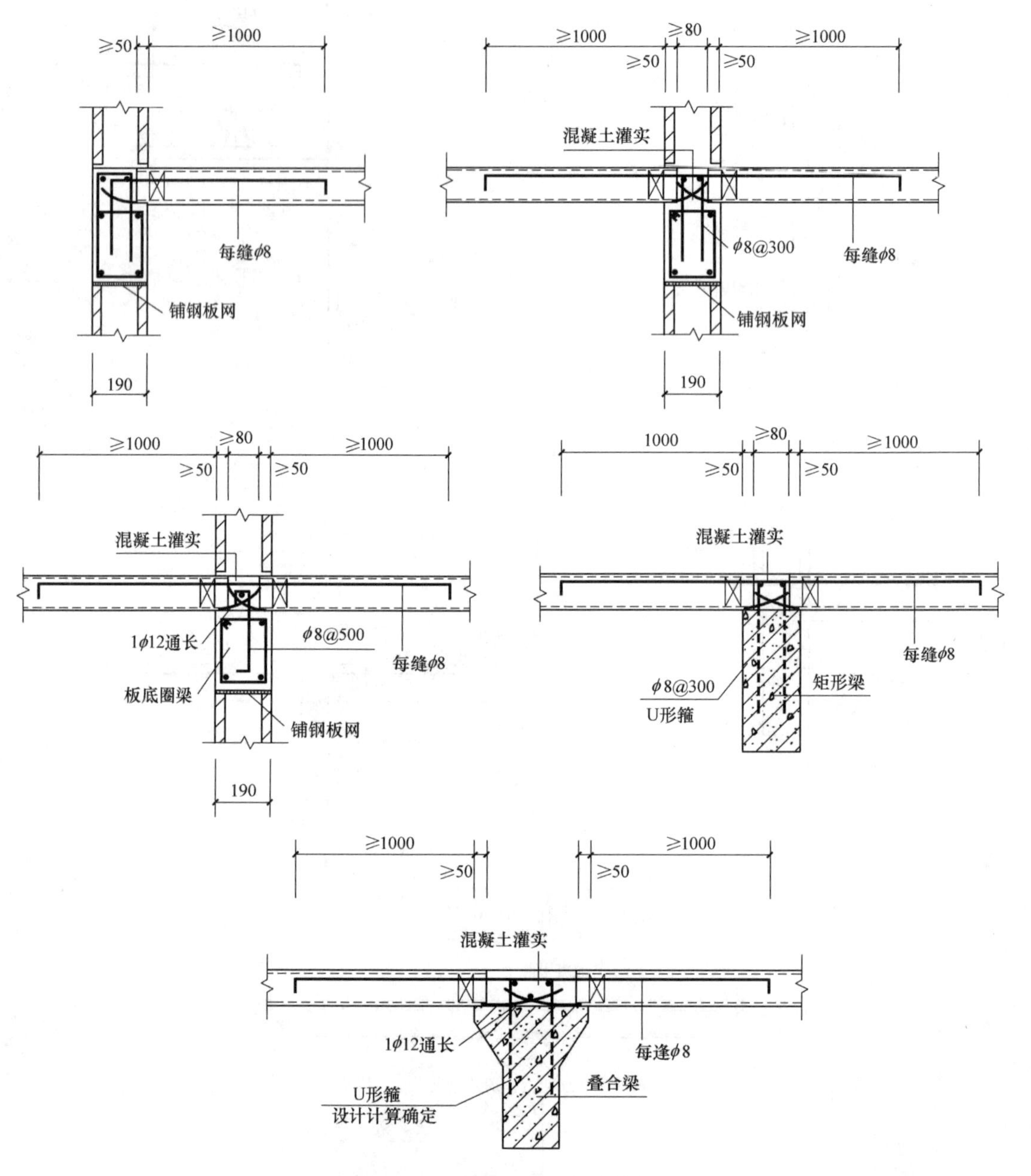

图 3-14　预制空心板硬架支模构造

（1）硬架支模预制楼板板端胡子筋伸出长度不小于 120mm，施工时钢筋头上弯 30°，施工顺序为：砌筑→圈梁硬架支模→放置圈梁钢筋→吊装楼板→浇捣混凝土。

（2）硬架支模的模板应有足够的强度和刚度。

（3）预制板用于抗震设防区的砌体房屋时，板面设置厚度不小于 50mm 的 C25 现浇混凝土面层，内配 φ6@250 的钢筋网片。

（4）预制板板端用 C25 细石混凝土灌实。

（5）硬架支模参考，如图 3-15 所示。

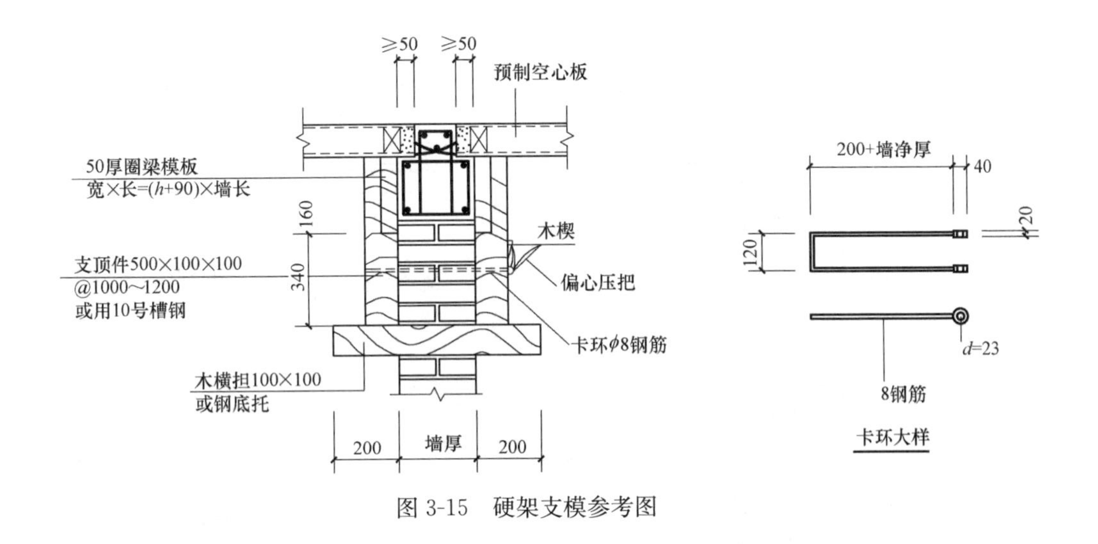

图 3-15　硬架支模参考图

3.6　板与墙连接构造

1. 现浇板与墙连接

现浇板与墙连接，如图 3-16 所示。未设置圈梁的现浇楼板沿墙边均应按图 3-16 设置加强钢筋。

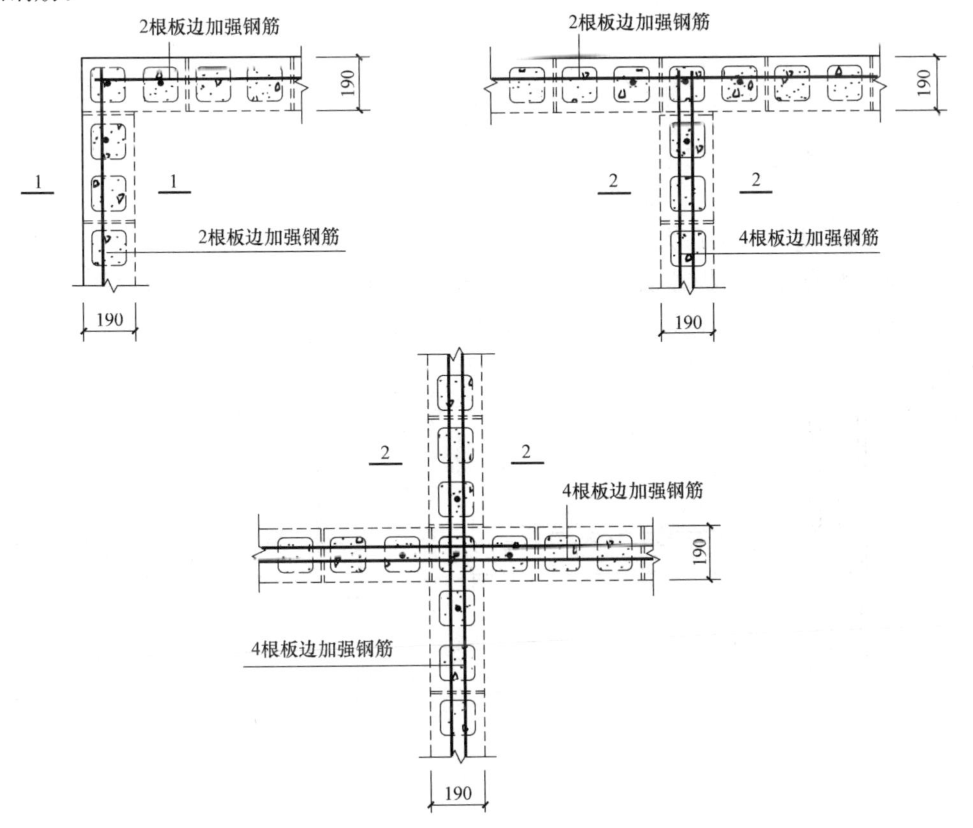

图 3-16　现浇板与墙连接（一）

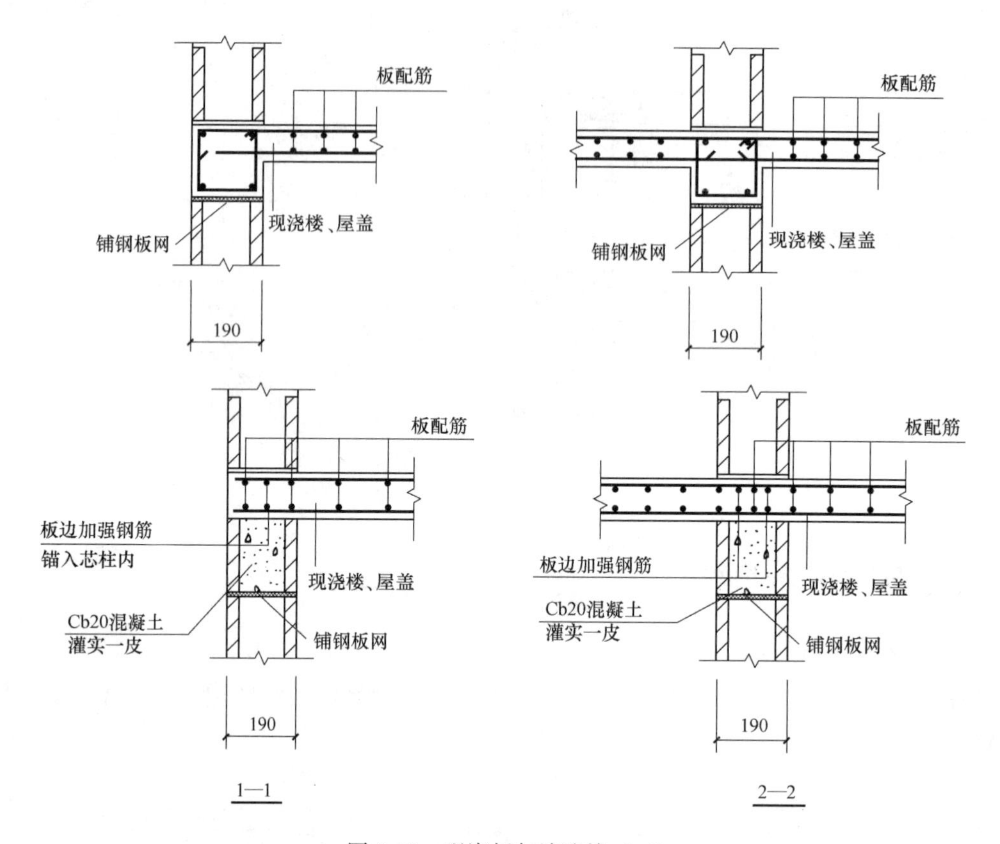

图 3-16　现浇板与墙连接（二）

2. 预制空心板与外墙拉结

预制空心板与外墙拉结，如图 3-17 所示。

（1）图 3-17 适用于板跨大于 4.8m 的预制板与其侧边平行外墙的拉结。

（2）埋设钢筋弯钩的板缝加宽不小于 40mm，并用不低于 C25 的细石混凝土填实。

（3）预制板板面设置厚度不小于 50mm 的 C25 细石混凝土面层，配 $\phi6@250$ 双向钢筋网片。

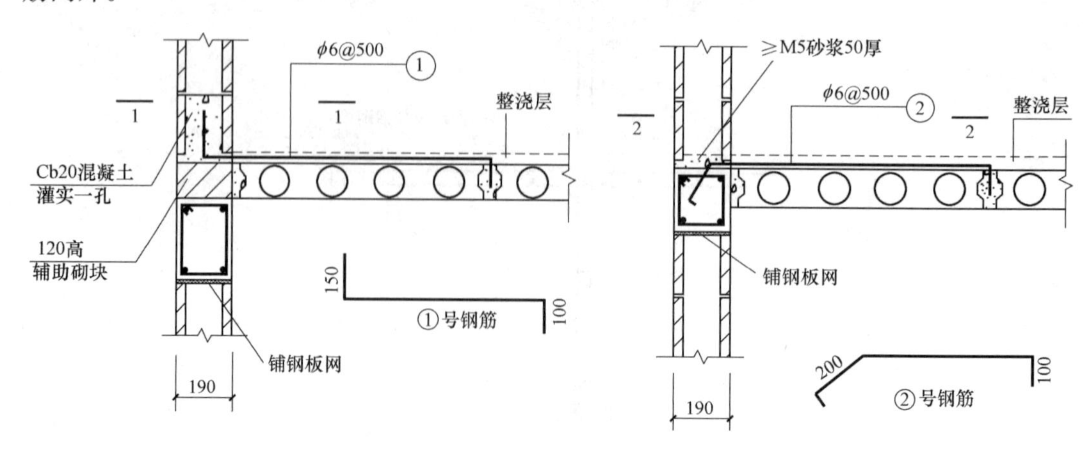

图 3-17　预制空心板与外墙拉结（一）

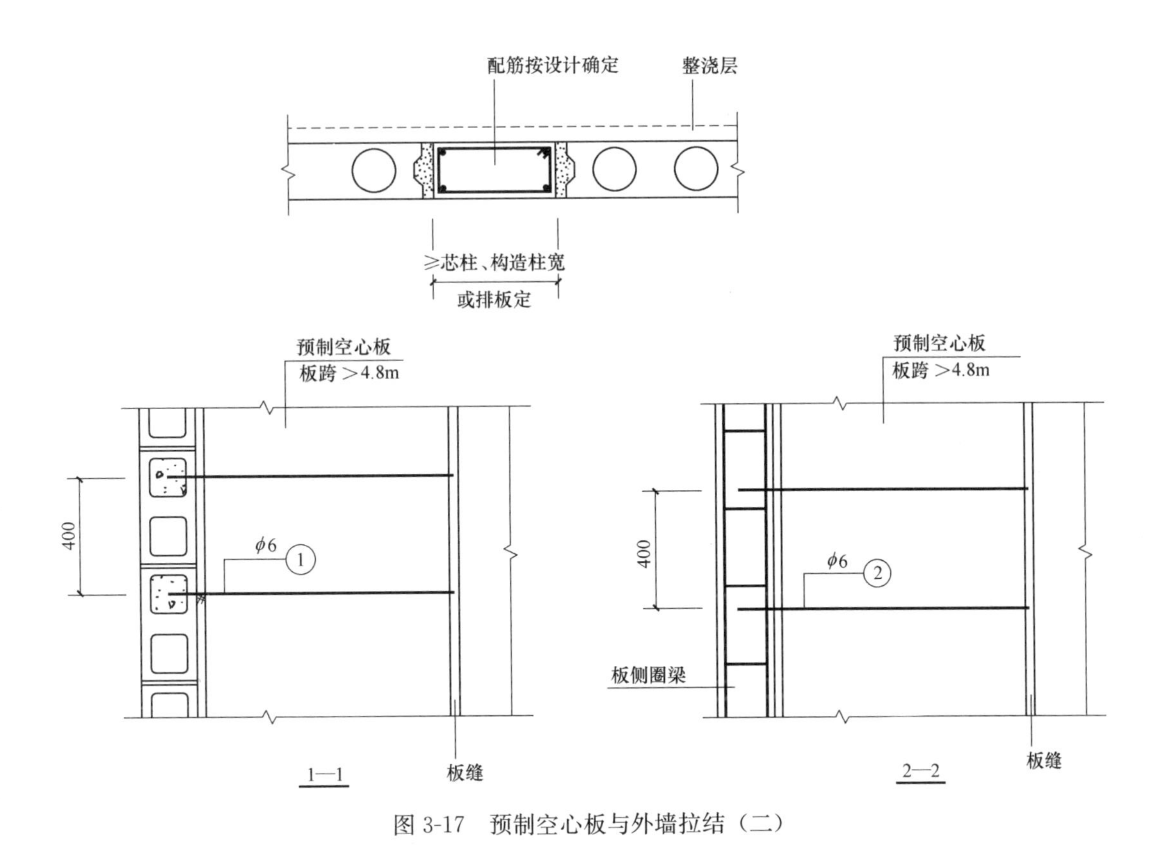

图 3-17　预制空心板与外墙拉结（二）

（4）非抗震设防的房屋需要加强楼、屋盖整体性时，可参照图 3-17 节点做法。

3.7　楼梯间墙体配筋构造

楼梯间墙体配筋构造，如图 3-18 所示。

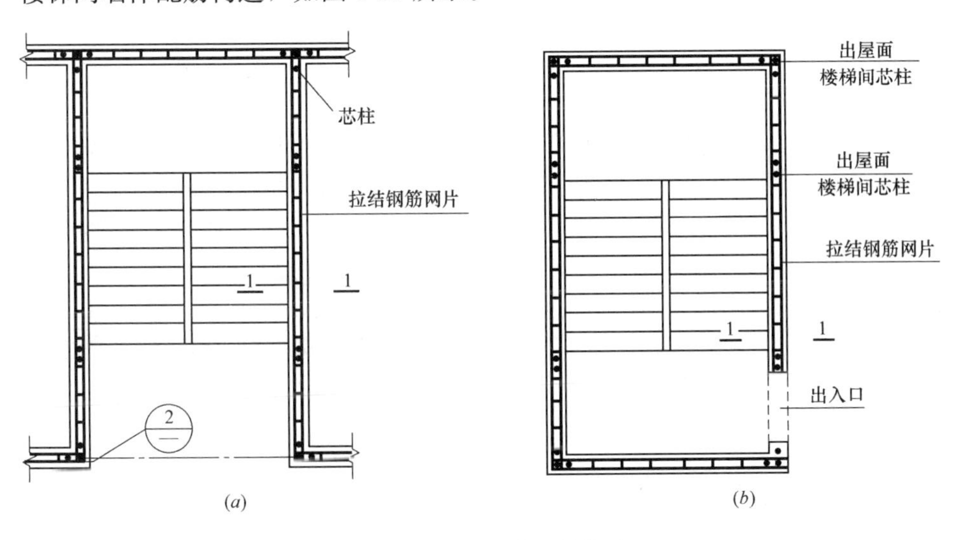

图 3-18　楼梯间墙体配筋构造（一）

（a）标准层楼梯间墙体拉结；（b）出屋面楼梯间墙体拉结

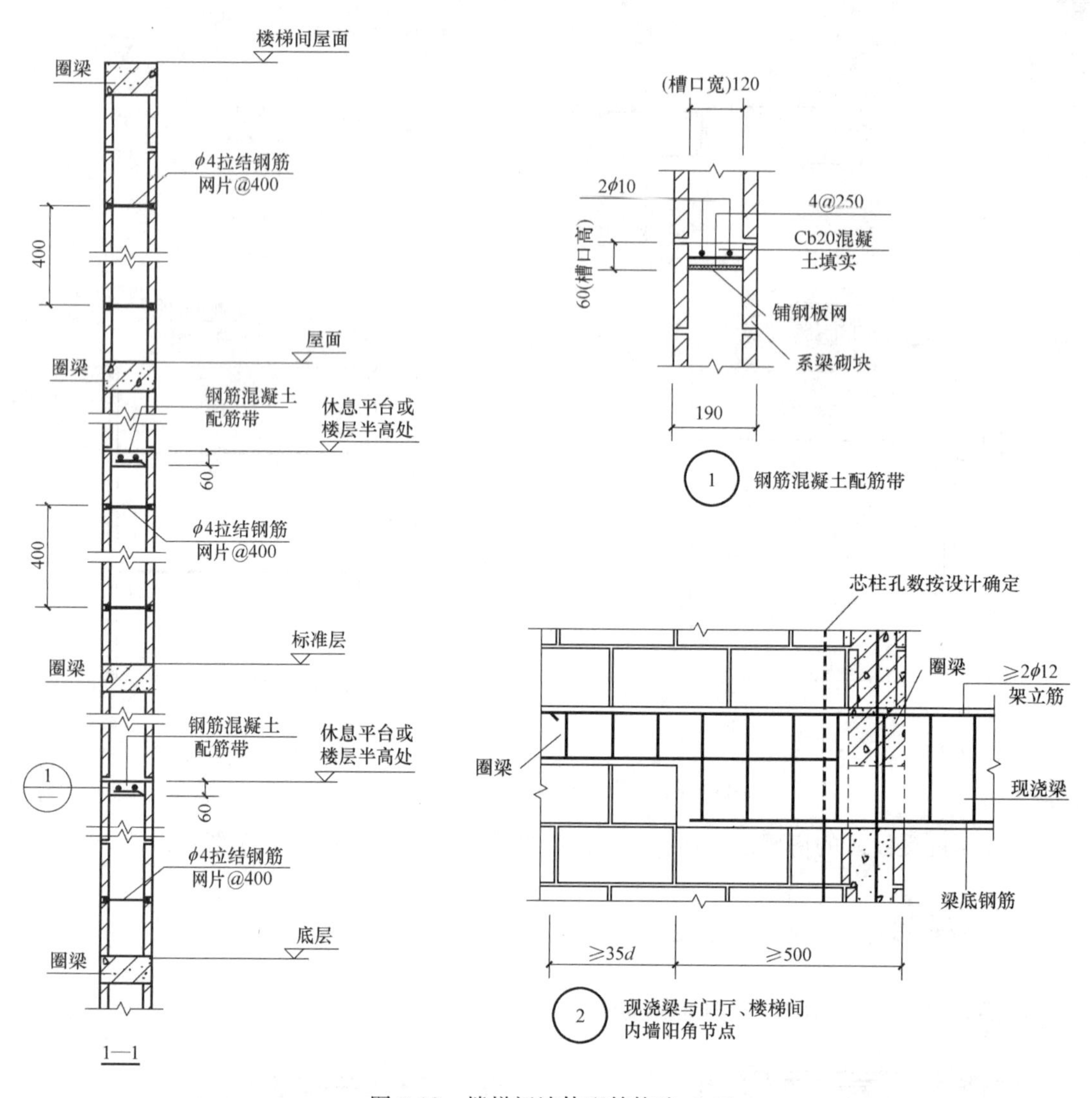

图 3-18 楼梯间墙体配筋构造（二）

（1）楼梯间墙体构件除按规定设置构造柱或芯柱外，尚应通过墙体配筋增强其抗震能力，墙体应沿墙高每隔 400mm 水平通长设置 ϕ4 点焊拉结钢筋网片；楼梯间墙体中部的芯柱间距，6 度时不宜大于 2m；7、8 度时不宜大于 1.5m；9 度时不宜大于 1.0m；房屋层数或高度等于或接近表 2-6 中限值时，底部 1/3 楼层芯柱间距适当减小。

（2）圈梁截面按设计确定，且截面高度不小于 150mm。

（3）抗震设防烈度为 7～8 度建筑的楼梯间墙体应在休息平台或楼层半高处设置 60mm 厚、纵向钢筋不少于 2ϕ10 的现浇钢筋混凝土带。

3.8 女儿墙构造

女儿墙节点平面及构造，如图 3-19 所示。

（1）女儿墙芯柱采用 Cb20 灌孔混凝土灌实，压顶采用 C20 混凝土浇筑。

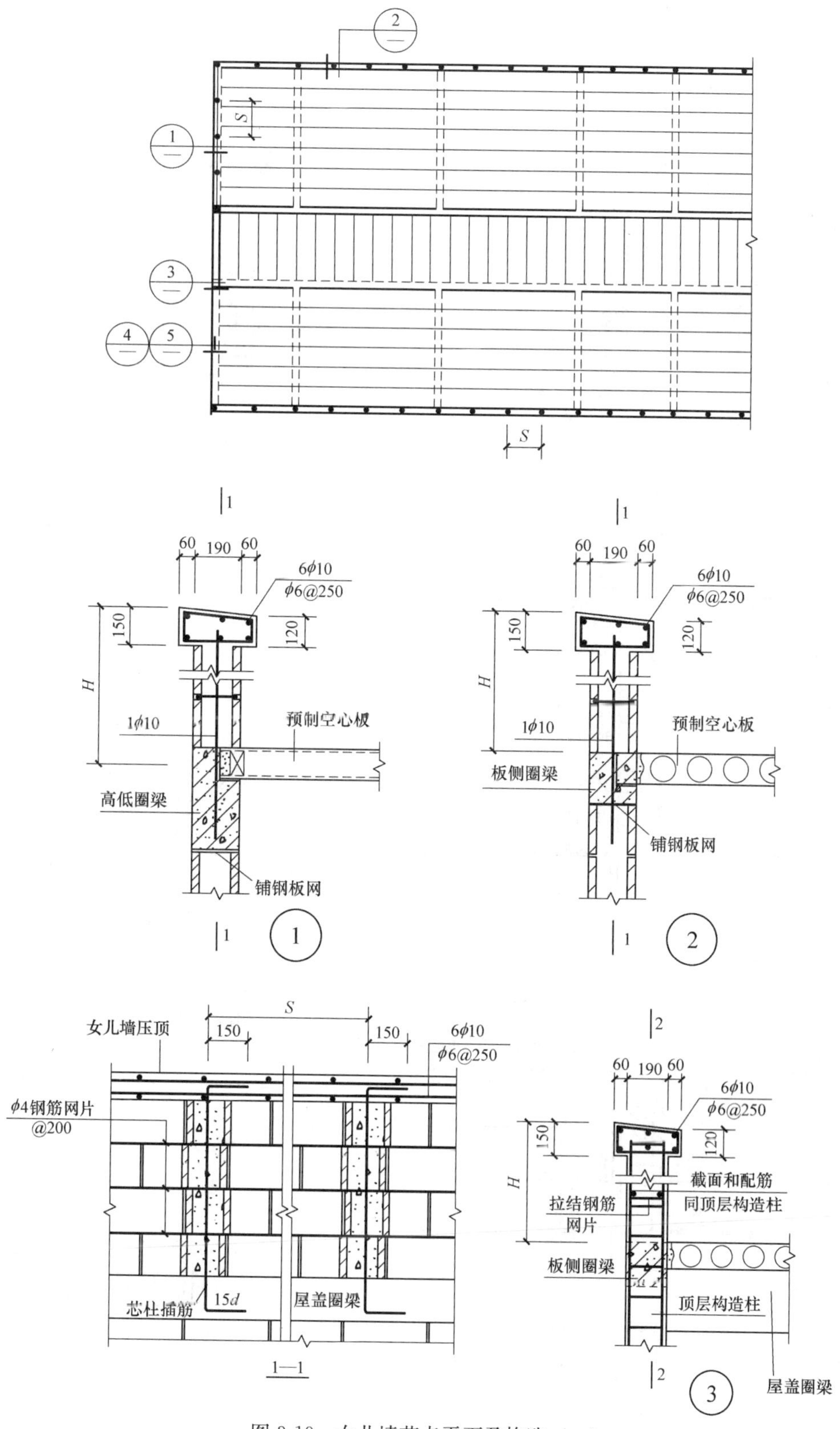

图 3-19 女儿墙节点平面及构造（一）

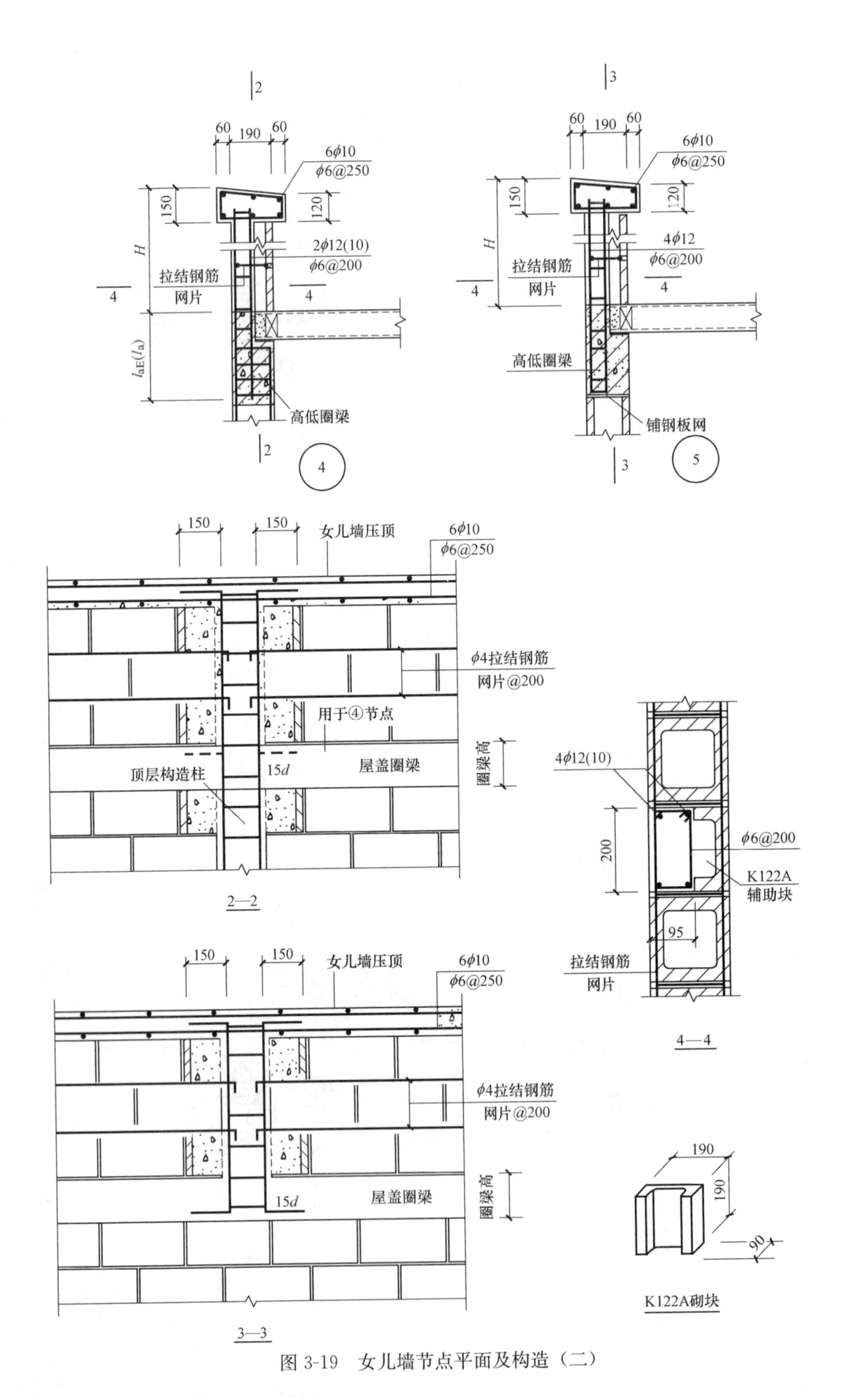

图 3-19　女儿墙节点平面及构造（二）

（2）应沿女儿墙高每隔200mm设置通长ϕ4点焊拉结钢筋网片。

（3）女儿墙应采用不低于MU7.5的小砌块和不低于Mb7.5的砂浆砌筑。

（4）当女儿墙高度大于1.0m时，应根据设计计算另外采取加强措施。

（5）女儿墙芯柱最大间距，如表3-7所示。

女儿墙芯柱最大间距 S（m） **表3-7**

设防烈度 / 高度 H(mm)	非抗震	6度	7度	8度	8度乙类
$H\leqslant500$	1.6	1.6	1.6	1.2	1
$500<H\leqslant800$	1.6	1.2	1.2	1	1
$800<H\leqslant1000$	1.6	0.8	0.8	0.6	0.6

注：女儿墙在人流出入口和通道处芯柱间距不大于0.4m。

（6）女儿墙芯柱可用构造柱代替，构造柱间距应符合表2-8的要求。非抗震设防时且女儿墙高度H不大于500mm时，女儿墙构造柱纵筋为4ϕ10，其他情况为4ϕ12。

3.9 砌块砌体房屋构造实例

【例3-1】 已知配筋砌块砌体柱的截面尺寸为400mm×600mm，如图3-20所示。柱高为6000mm，采用砌块强度等级为MU15，空洞率为55%，砌筑砂浆采用Mb10，配筋选用HRB335级，砌块灌孔混凝土采用Cb20级，作用在柱顶上的轴向力设计值$N=$1500kN。试求柱内应配置的钢筋截面面积。

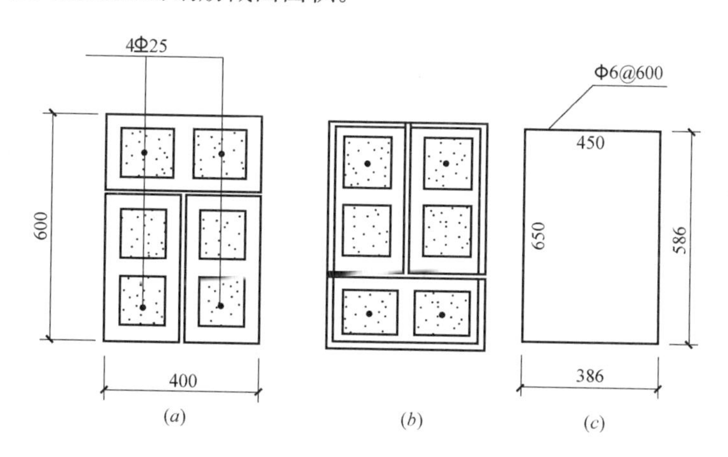

图3-20

（a）上皮砌块布置；（b）下皮砌块布置；（c）箍筋尺寸

【解】

1. 砌体截面面积

$$A=400\times600=240000\text{mm}^2$$

2. 柱高厚比

$$\beta=\frac{6000}{400}=15$$

3. 砌块砌体及灌孔混凝土强度等级

$$f=4.02\text{MPa} \qquad f_c=9.6\text{N/mm}^2$$

4. 灌孔砌体抗压强度

取混凝土灌孔率为66%，则

$$f_g=4.02+0.6\times0.66\times0.55\times9.6=6.11\text{MPa}$$

因为砌体截面面积$0.24\text{m}^2>0.2\text{m}^2$，故不需对砌体强度进行修正。

5. 砌体稳定系数

$$\varphi_{0g}=\frac{1}{1+0.001\beta^2}=\frac{1}{1+0.001\times15^2}=0.816$$

6. 柱配筋量计算

选纵向受力筋HRB335　　　$f_y=300\text{N/mm}^2$

$$N\leqslant\varphi_{0g}(f_gA+0.8f_y'A_s')$$

$$A_s'=\frac{\dfrac{N}{\varphi_{0g}}-f_gA}{0.8f_y'}=\frac{\dfrac{1500000}{0.816}-6.11\times240000}{0.8\times300}=1549.3\text{mm}^2$$

选4Φ25，$A_s'=1964\text{mm}^2>1549.3\text{mm}^2$

4 底部框架-抗震墙砌体房屋抗震构造

4.1 底部框架-抗震墙结构布置

底部框架-抗震墙结构布置，如图 4-1 所示。

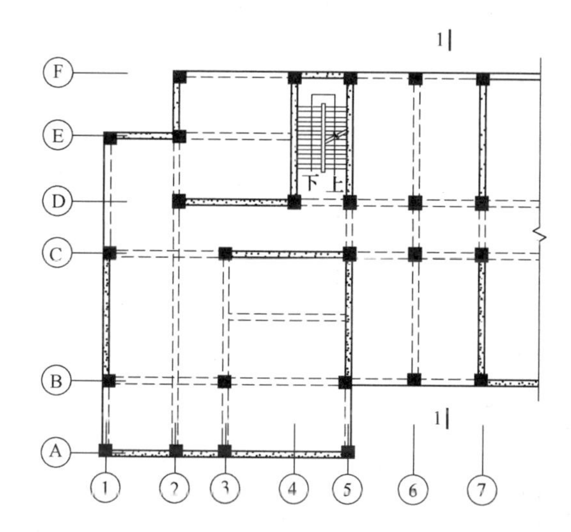

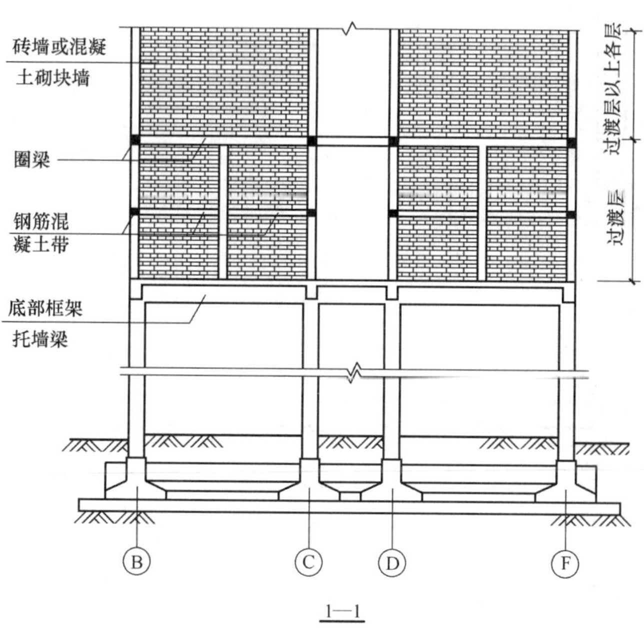

图 4-1 底部框架-抗震墙结构布置

（1）底部框架-抗震墙砌体房屋的层数和高度限值应符合表 2-6 的规定。

（2）底层约束砖砌体或小砌块砌体抗震墙仅用于 6 度区，且总层数不大于 4 层；其余情况，6、7 度时可采用钢筋混凝土抗震墙或配筋小砌块砌体抗震墙，8 度时应采用钢筋混凝土抗震墙。

4.2 钢筋混凝土抗震墙构造

底部钢筋混凝土抗震墙构造，如图 4-2 所示。

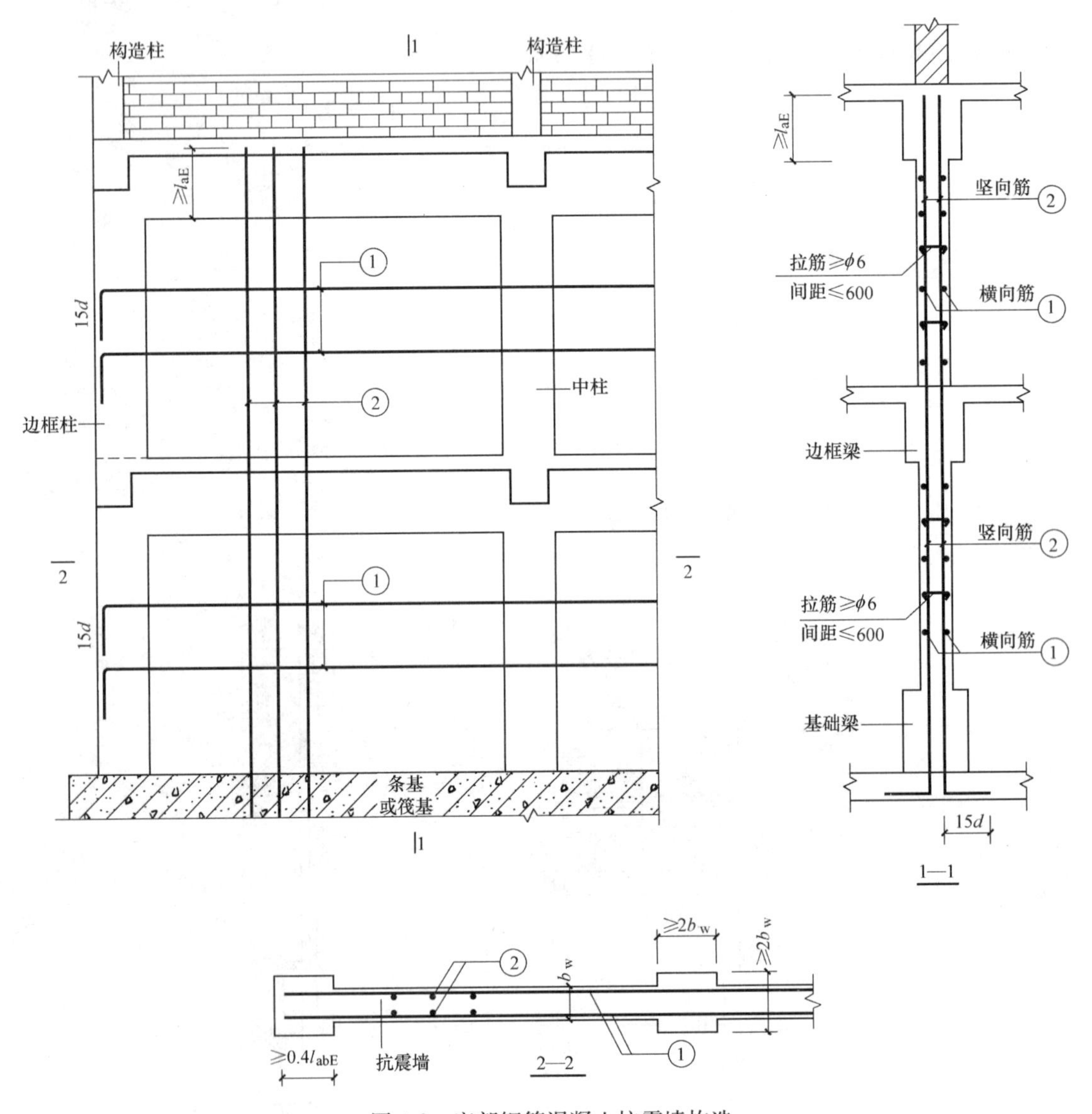

图 4-2　底部钢筋混凝土抗震墙构造

（1）墙体周边应设置梁（或暗梁）和边框柱（或框架柱）组成的边框；边框梁的截面宽度不宜小于墙板厚度的 1.5 倍，截面高度不宜小于墙板厚度的 2.5 倍；边框柱的截面高度不宜小于墙板厚度的 2 倍。

（2）墙板的厚度不宜小于 160mm，且不应小于墙板净高的 1/20；墙体宜开设洞口形成若干墙段，各墙段的高宽比不宜小于 2。

（3）墙体的竖向和横向分布钢筋配筋率均不应小于 0.30%，并应采用双排布置；双排分布钢筋间拉筋的间距不应大于 600mm，直径不应小于 6mm。

（4）抗震墙竖向钢筋连接构造，如图 4-3 所示。

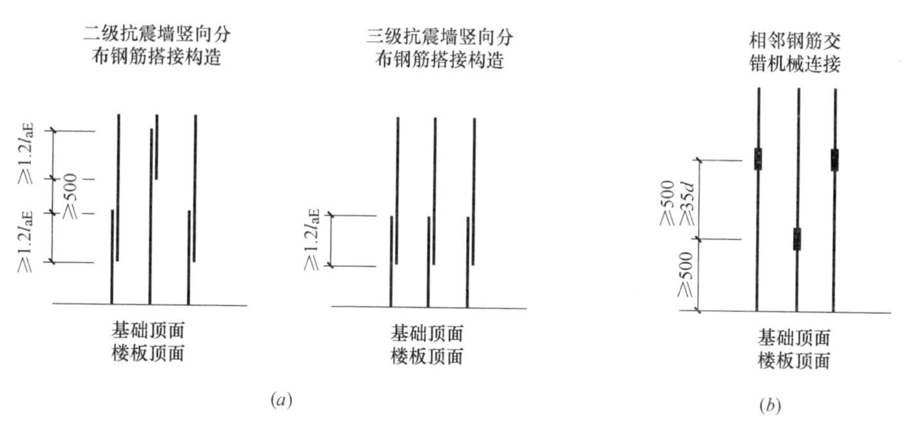

图 4-3　抗震墙竖向钢筋连接构造

（a）抗震墙竖向分布钢筋搭接构造；（b）抗震墙竖向分布钢筋机械连接构造

（5）洞口范围内需要截断的水平和竖向钢筋至洞边处后，沿墙面垂直方向弯折，水平段长度等于墙厚减 2 倍保护层厚度。

（6）当洞口尺寸大于 800mm 时，洞口两侧应设置构造边缘构件，其配筋除应满足受弯承载力要求外，还应符合表 4-1 的要求。

底部钢筋混凝土抗震墙构造边缘构件配筋　　表 4-1

抗震等级	纵向钢筋最小量（取较大值）	箍筋或拉筋	
		最小直径（mm）	沿竖向最大间距（mm）
二级	$0.006A_c$，6ϕ12	8	200
三级	$0.005A_c$，4ϕ12	6	200
四级	$0.004A_c$，4ϕ12	6	250

注：A_c 为抗震墙构造边缘构件的截面面积。

（7）洞口截面尺寸大于 1/3 抗震墙边长时，需根据工程设计计算确定补强钢筋数量。

（8）钢筋混凝土抗震墙洞口边距框架柱边不宜小于 300mm。

4.3　砖砌体抗震墙构造

底层约束砖砌体抗震墙构造，如图 4-4 所示。

（1）砖墙厚不应小于 240mm，砌筑砂浆强度等级不应低于 M10，应先砌墙后浇框架。

（2）沿框架柱每隔 300mm 配置 2ϕ8 水平钢筋和 ϕ4 分布短筋平面内点焊组成的拉结网片，并沿砖墙水平通长设置；在墙体半高处尚应设置与框架柱相连的钢筋混凝土水平系梁。

（3）墙长大于 4m 时和洞口两侧，应在墙内增设钢筋混凝土构造柱。

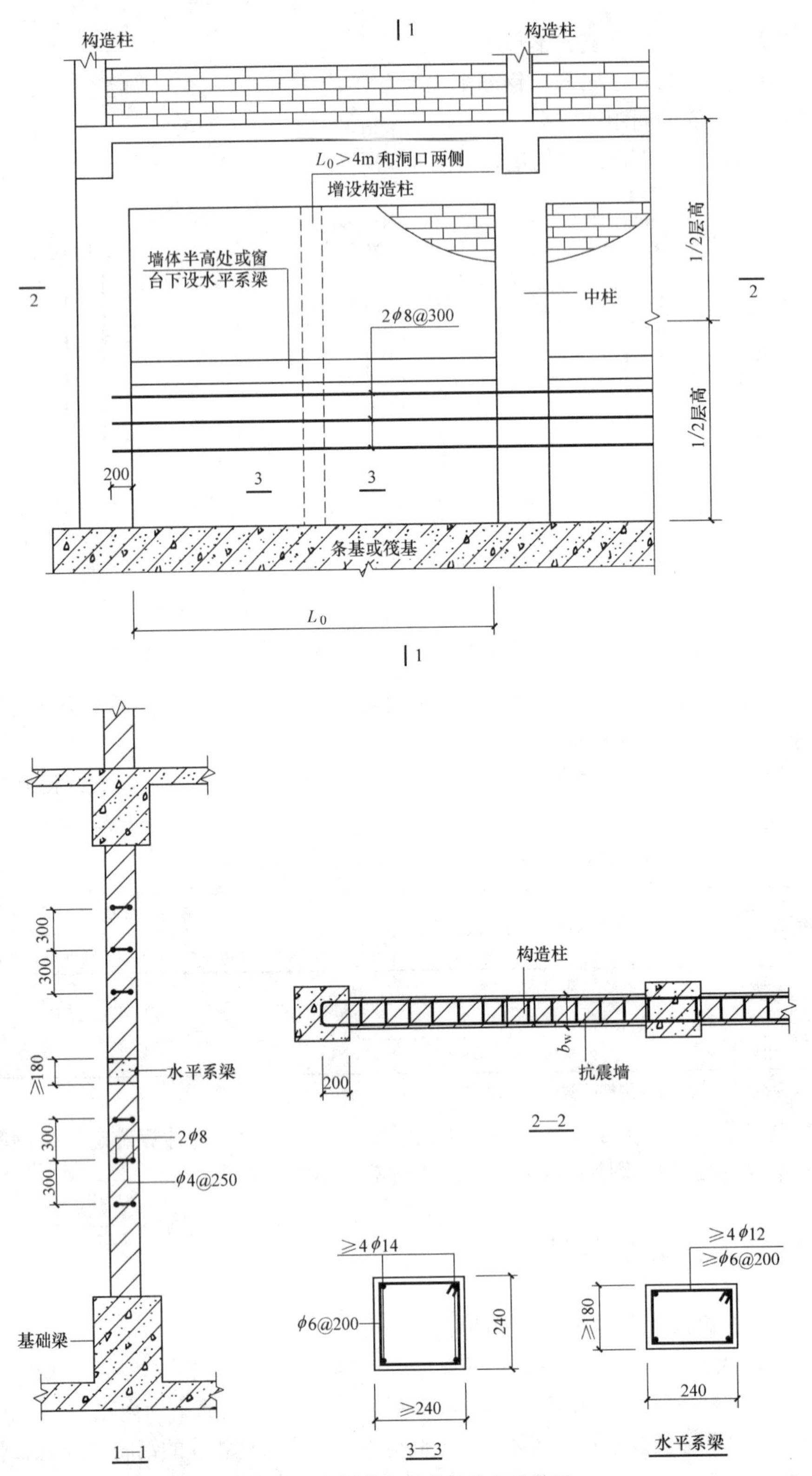

图 4-4　底层约束砖砌体抗震墙构造

4.4 砌块砌体抗震墙构造

底层约束砌块砌体抗震墙构造，如图 4-5 所示。

（1）墙厚不应小于 190mm，砌筑砂浆强度等级不应低于 Mb10，应先砌墙后浇框架。

（2）沿框架柱每隔 400mm 配置 2ϕ8 水平钢筋和 ϕ4 分布短筋平面内点焊组成的拉结网片，并沿砌块墙水平通长设置；在墙体半高处尚应设置与框架柱相连的钢筋混凝土水平系梁，系梁截面不应小于 190mm×190mm，纵筋不应小于 4ϕ12，箍筋直径不应小于 ϕ6，间距不应大于 200mm。

（3）墙体在门、窗洞口两侧应设置芯柱，墙长大于 4m 时，应在墙内增设芯柱，芯柱应符合下列规定：

1）小砌块房屋芯柱截面不宜小于 120mm×120mm。

2）芯柱混凝土强度等级，不应低于 Cb20。

3）芯柱的竖向插筋应贯通墙身且与圈梁连接；插筋不应小于 1ϕ12，6、7 度时超过五层、8 度时超过四层和 9 度时，插筋不应小于 1ϕ14。

4）芯柱应伸入室外地面下 500mm 或与埋深小于 500mm 的基础圈梁相连。

5）为提高墙体抗震受剪承载力而设置的芯柱，宜在墙体内均匀布置，最大净距不宜大于 2.0m。

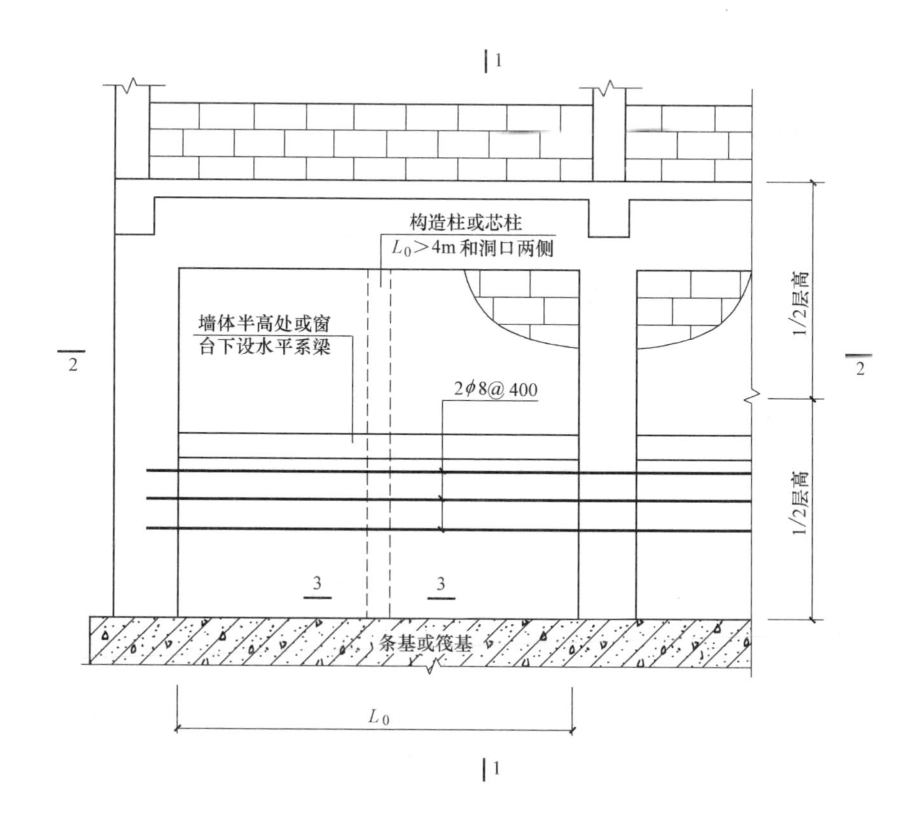

图 4-5 底层约束砌块砌体抗震墙构造（一）

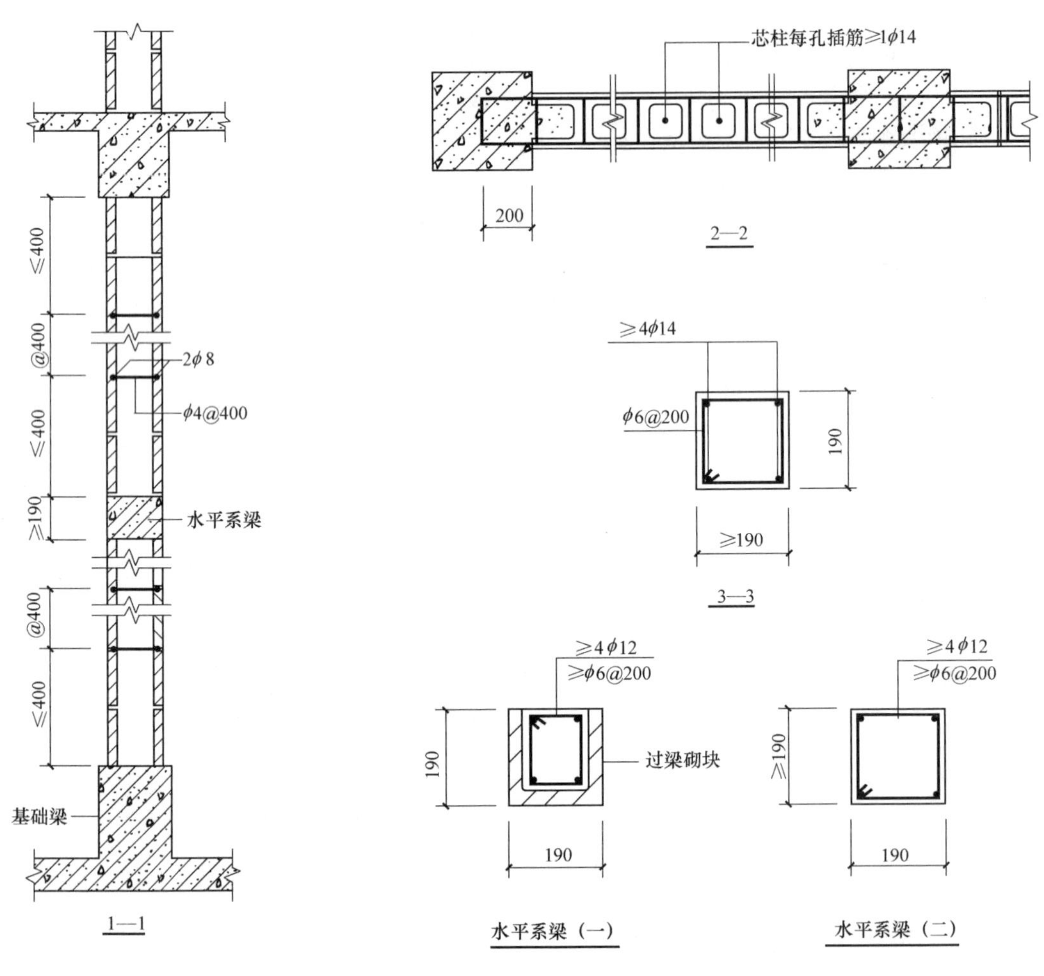

图 4-5　底层约束砌块砌体抗震墙构造（二）

6）多层小砌块房屋墙体交接处或芯柱与墙体连接处应设置拉结钢筋网片，网片可采用直径 4mm 的钢筋点焊而成，沿墙高间距不大于 600mm，并应沿墙体水平通长设置。6、7 度时底部 1/3 楼层，8 度时底部 1/2 楼层，9 度时全部楼层，上述拉结钢筋网片沿墙高间距不大于 400mm。

（4）其余位置，宜采用钢筋混凝土构造柱替代芯柱，钢筋混凝土构造柱应符合下列规定：

1）构造柱截面不宜小于 190mm×190mm，纵向钢筋宜采用 4φ12，箍筋间距不宜大于 250mm，且在柱上下端应适当加密；6、7 度时超过五层、8 度时超过四层和 9 度时，构造柱纵向钢筋宜采用 4φ14，箍筋间距不应大于 200mm；外墙转角的构造柱可适当加大截面及配筋。

2）构造柱与砌块墙连接处应砌成马牙槎，与构造柱相邻的砌块孔洞，6 度时宜填实，7 度时应填实，8、9 度时应填实并插筋。构造柱与砌块墙之间沿墙高每隔 600mm 设置 φ4 点焊拉结钢筋网片，并应沿墙体水平通长设置。6、7 度时底部 1/3 楼层，8 度时底部 1/2 楼层，9 度全部楼层，上述拉结钢筋网片沿墙高间距不大于 400mm。

3）构造柱与圈梁连接处，构造柱的纵筋应在圈梁纵筋内侧穿过，保证构造柱纵筋上下贯通。

4）构造柱可不单独设置基础，但应伸入室外地面下 500mm，或与埋深小于 500mm 的基础圈梁相连。

4.5 配筋砌块砌体抗震墙构造

配筋砌块砌体抗震墙构造，如图 4-6 所示。

（1）配筋砌块砌体抗震墙的水平和竖向分布钢筋应符合下列规定，抗震墙底部加强区的高度不小于房屋高度的 1/6，且不小于房屋底部两层的高度。

1）抗震墙水平分布钢筋的配筋构造应符合表 4-2 的规定。

抗震墙水平分布钢筋的配筋构造 **表 4-2**

抗震等级	最小配筋率(%)		最大间距(mm)	最小直径(mm)
	一般部位	加强部位		
一级	0.13	0.15	400	8
二级	0.13	0.13	600	8
三级	0.11	0.13	600	8
四级	0.10	0.10	600	6

注：1. 水平分布钢筋宜双排布置，在顶层和底部加强部位，最大间距不应大于 400mm。
2. 双排水平分布钢筋应设不小于 ϕ6 拉结筋，水平间距不应大于 400mm。

2）抗震墙竖向分布钢筋的配筋构造应符合表 4-3 的规定。

抗震墙竖向分布钢筋的配筋构造 **表 4-3**

抗震等级	最小配筋率(%)		最大间距(mm)	最小直径(mm)
	一般部位	加强部位		
一级	0.15	0.15	400	12
二级	0.13	0.13	600	12
三级	0.11	0.13	600	12
四级	0.10	0.10	600	12

注：竖向分布钢筋宜采用单排布置，直径不应大于 25mm，9 度时配筋率不应小于 0.2%。在顶层和底部加强部位，最大间距应适当减小。

（2）配筋砌块砌体抗震墙应在底部加强部位和轴压比大于 0.4 的其他部位的墙肢设置边缘构件。边缘构件的配筋范围：无翼墙端部为 3 孔配筋，“L”形转角节点为 3 孔配筋，“T”形转角节点为 4 孔配筋；边缘构件范围内应设置水平箍筋；配筋砌块砌体抗震墙边缘构件的配筋应符合表 4-4 的要求。

（3）宜避免设置转角窗，否则，转角窗开间相关墙体尽端边缘构件最小纵筋直径应比表 4-4 的规定值提高一级，且转角窗开间的楼、屋面应采用现浇钢筋混凝土楼、屋面板。

（4）配筋砌块砌体抗震墙在重力荷载代表值作用下的轴压比，应符合下列规定：

1）一般墙体的底部加强部位，一级（9 度）不宜大于 0.4，一级（8 度）不宜大于 0.5，二、三级不宜大于 0.6，一般部位，均不宜大于 0.6。

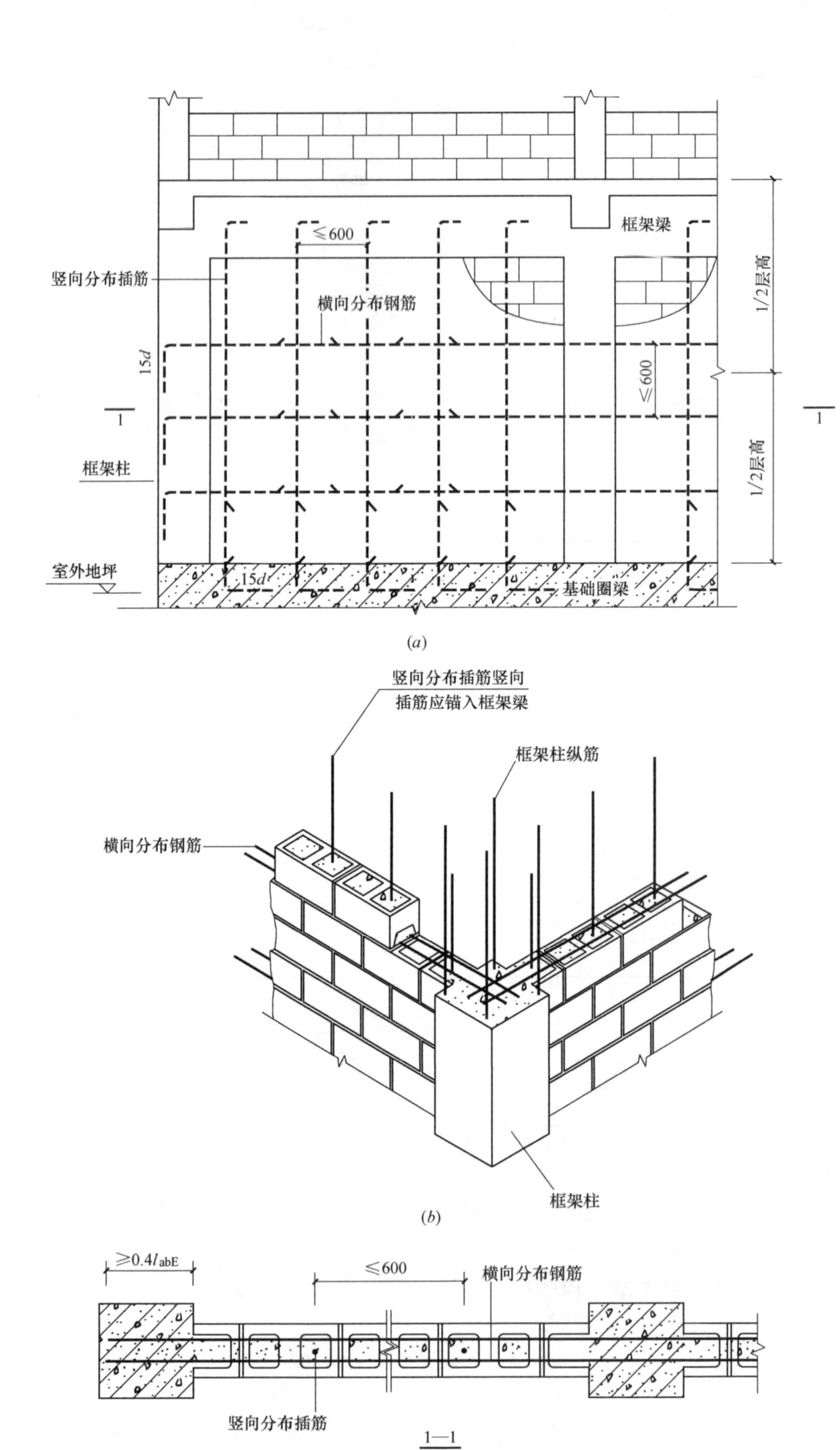

图 4-6 配筋砌块砌体抗震墙构造

（a）墙体布置立面图；（b）墙体拉结示意图

配筋砌块砌体抗震墙边缘构件的配筋要求 **表 4-4**

抗震等级	每孔竖向钢筋最小量		水平箍筋最小直径(mm)	水平箍筋最大间距(mm)
	底部加强部位	一般部位		
一级	1ϕ20(4ϕ16)	1ϕ18(4ϕ16)	8	200
二级	1ϕ18(4ϕ16)	1ϕ16(4ϕ14)	6	200
三级	1ϕ16(4ϕ12)	1ϕ14(4ϕ12)	6	200
四级	1ϕ14(4ϕ12)	1ϕ12(4ϕ12)	6	200

注：1. 边缘构件水平箍筋宜采用横筋为双筋的搭接点焊网片形式。
2. 当抗震等级为二、三级时，边缘构件箍筋应采用 HRB400 级或 RRB400 级钢筋。
3. 表中括号中数字为边缘构件采用混凝土边框柱时的配筋。

2）短肢墙体全高范围，一级不宜大于 0.5，二、三级不宜大于 0.6；对于无翼缘的一字形短肢墙，其轴压比限值应相应降低 0.1。

3）各向墙肢截面均为 3～5 倍墙厚的独立小墙肢，一级不宜大于 0.4，二、三级不宜大于 0.5；对于无翼缘的一字形独立小墙肢，其轴压比限值应相应降低 0.1。

（5）配筋砌块砌体圈梁构造，应符合下列规定：

1）各楼层标高处，每道配筋砌块砌体抗震墙均应设置现浇钢筋混凝土圈梁，圈梁的宽度应为墙厚，其截面高度不宜小于 200mm。

2）圈梁混凝土抗压强度不应小于相应灌孔砌块砌体的强度，且不应小于 C20。

3）圈梁纵向钢筋直径不应小于墙中水平分布钢筋的直径，且不应小于 4ϕ12；基础圈梁纵筋不应小于 4ϕ12；圈梁及基础圈梁箍筋直径不应小于 ϕ8，间距不应大于 200mm；当圈梁高度大于 300mm 时，应沿梁截面高度方向设置腰筋，其间距不应大于 200mm，直径不应小于 ϕ10。

4）圈梁底部嵌入墙顶砌块孔洞内，深度不宜小于 30mm；圈梁顶部应是毛面。

（6）配筋砌块砌体抗震墙连梁的构造，当采用混凝土连梁时，应符合现行国家标准《混凝土结构设计规范》（GB 50010—2010）中有关地震区连梁的构造要求；当采用配筋砌块砌体连梁时，应符合下列规定：

1）连梁上下水平钢筋锚入墙体内的长度，一、二级抗震等级不应小于 $1.1l_a$，三、四级抗震等级不应小于 l_a，且不应小于 600mm。

2）连梁的箍筋应沿梁长布置，并应符合表 4-5 的规定。

连梁箍筋的构造要求 **表 4-5**

抗震等级	箍筋加密区			箍筋非加密区	
	长度(mm)	箍筋最大间距(mm)	直径(mm)	间距(mm)	直径(mm)
一级	$2h$	100,$6d$,$1/4h$ 中的小值	10	200	10
二级	$1.5h$	100,$8d$,$1/4h$ 中的小值	8	200	8
三级	$1.5h$	150,$8d$,$1/4h$ 中的小值	8	200	8
四级	$1.5h$	150,$8d$,$1/4h$ 中的小值	8	200	8

注：h 为连梁截面高度，加密区长度不小于 600mm。

3）在顶层连梁伸入墙体的钢筋长度范围内，应设置间距不大于 200mm 的构造箍筋，箍筋直径应与连梁的箍筋直径相同。

4）连梁不宜开洞。当需要开洞时，应在跨中梁高 1/3 处预埋外径不大于 200mm 的钢套管，洞口上下的有效高度不应小于 1/3 梁高，且不应小于 200mm，洞口处应配补强钢筋并在洞周边浇筑灌孔混凝土，被洞口削弱的截面应进行受剪承载力验算。

（7）配筋砌块砌体抗震墙房屋的基础与抗震墙结合处的受力钢筋，当房屋高度超过 50m 或一级抗震等级时宜采用机械连接或焊接。

4.6 过渡层墙体构造

过渡层墙体构造，如图 4-7 所示。

（1）上部砌体墙的中心线宜与底部的框架梁、抗震墙的中心线相重合，构造柱或芯柱

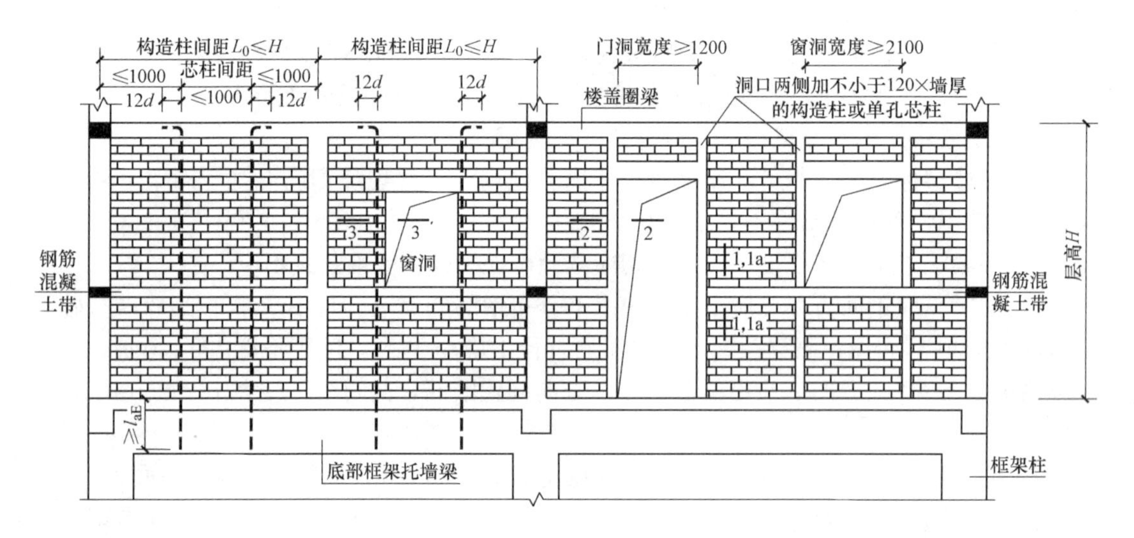

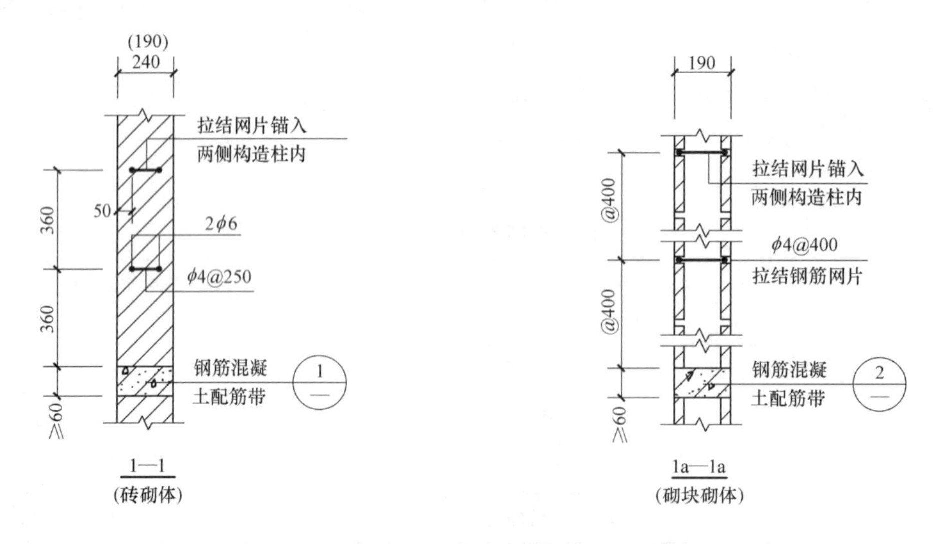

图 4-7　过渡层墙体构造（一）

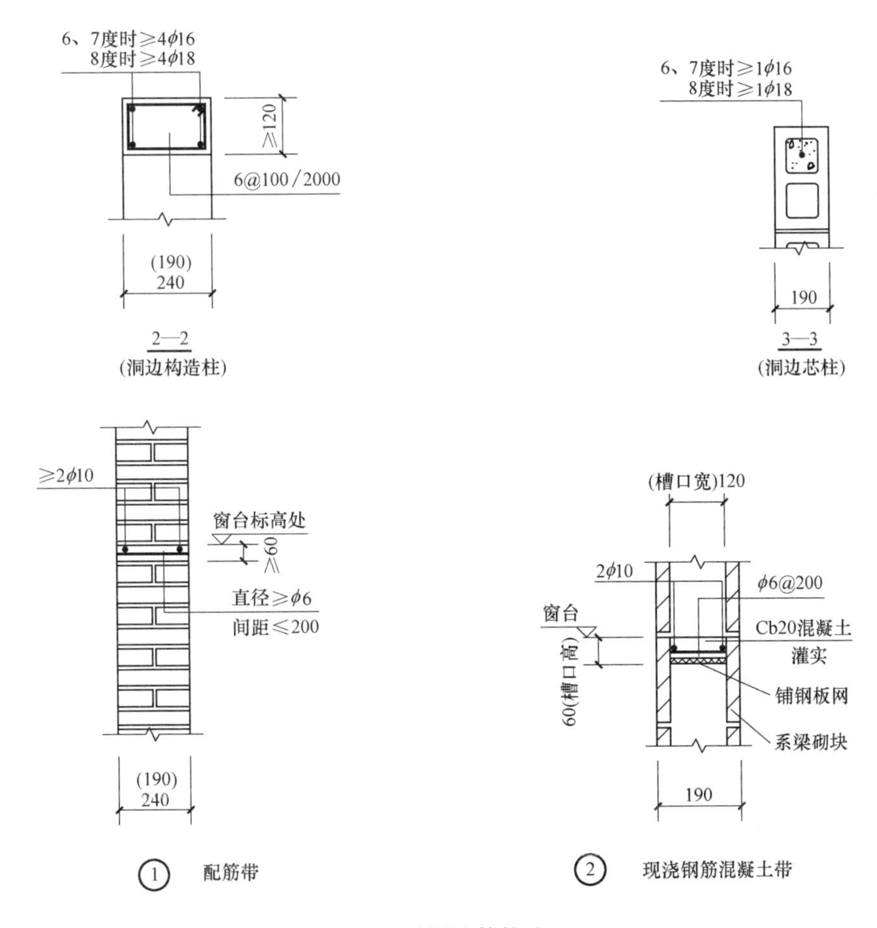

图 4-7 过渡层墙体构造（二）

宜与框架柱上下贯通。

（2）过渡层应在底部框架柱、混凝土墙或约束砌体墙的构造柱所对应处设置构造柱或芯柱；墙体内的构造柱间距不宜大于层高；芯柱除满足多层小砌块房屋芯柱设置的要求外，最大间距不宜大于 1m。

（3）过渡层构造柱的纵向钢筋，6、7 度时不宜少于 4ϕ16，8 度时不宜少于 4ϕ18。过渡层芯柱的纵向钢筋，6、7 度时不宜少于每孔 1ϕ16，8 度时不宜少于每孔 1ϕ18。一般情况下，纵向钢筋应锚入下部的框架柱或混凝土墙内；当纵向钢筋锚固在托墙梁内时，托墙梁的相应位置应加强。

（4）过渡层的砌体墙在窗台标高处，应设置沿纵横墙通长的水平现浇钢筋混凝土带；其截面高度不小于 60mm，宽度不小于墙厚，纵向钢筋不少于 2ϕ10，横向分布筋的直径不小于 6mm 且其间距不大于 200mm。此外，砖砌体墙在相邻构造柱间的墙体，应沿墙高每隔 360mm 设置 2ϕ6 通长水平钢筋和 ϕ4 分布短筋平面内点焊组成的拉结网片或 ϕ4 点焊钢筋网片，并锚入构造柱内；小砌块砌体墙芯柱之间沿墙高应每隔 400mm 设置 ϕ4 通长水平点焊钢筋网片。

当大梁为现浇或预制的矩形梁时，构造如图 4-8（a）所示；当大梁为预制的花篮梁时，构造如图 4-8（b）所示。

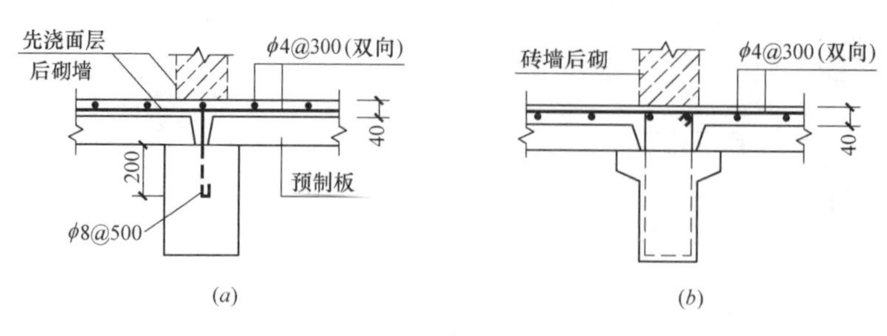

图 4-8　整体配筋面层

（a）矩形梁；（b）花篮梁

（5）过渡层的砌体墙，凡宽度不小于 1.2m 的门洞和 2.1m 的窗洞，洞口两侧宜增设截面不小于 120mm×240mm（墙厚 190mm 时为 120mm×190mm）的构造柱或单孔芯柱。

（6）当过渡层的砌体抗震墙与底部框架梁、墙体不对齐时，应在底部框架内设置托墙转换梁，并且过渡层砖墙或砌块墙应采取比（4）更高的加强措施。

4.7　框架托墙梁构造

底部框架托墙梁构造，如图 4-9 所示。

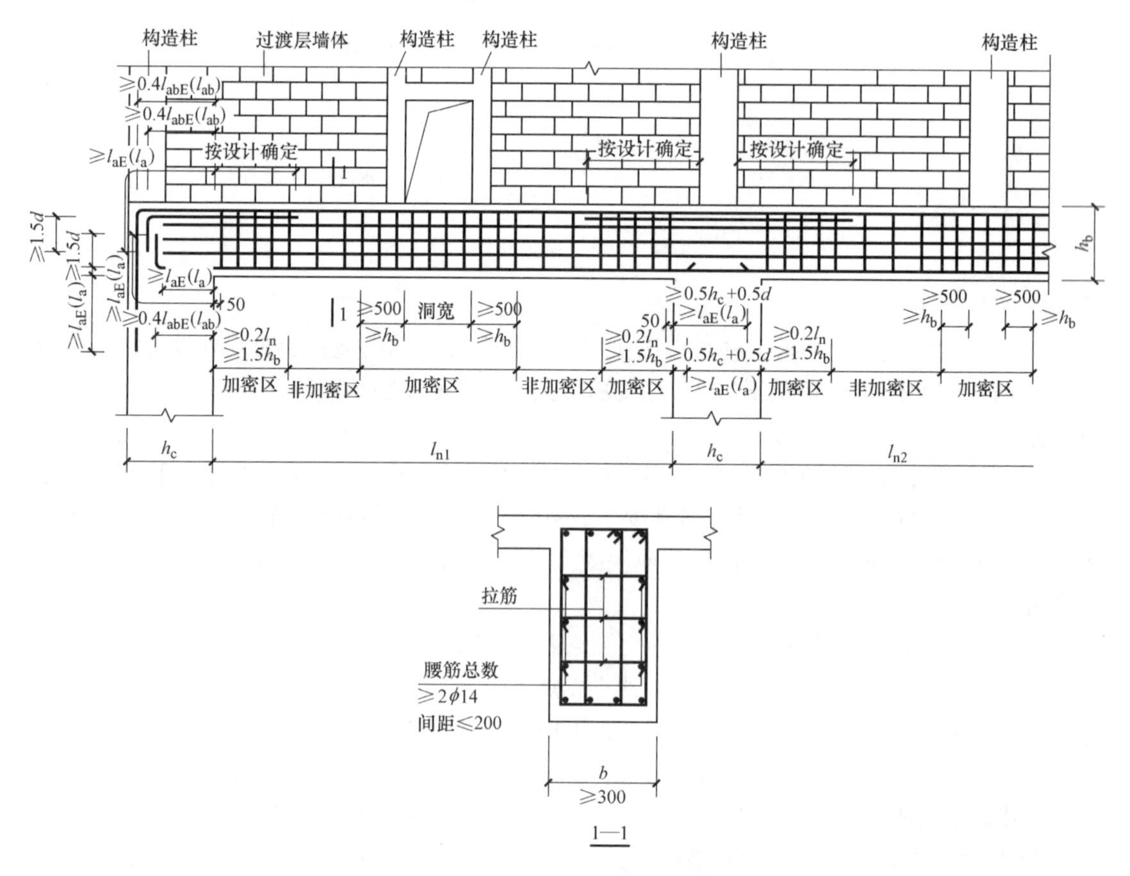

图 4-9　底部框架托墙梁构造

1. 截面尺寸

托墙梁的截面宽度不应小于300mm，宽高比不宜小于0.3，梁的截面高度不应小于跨度的1/10。

2. 梁的纵筋

对于房屋底部一层框架或两层框架的纵向和横向托墙梁，考虑到它与上面砖墙形成整体，作为砖墙的底部边缘构件，发挥着墙梁的作用，梁的纵向钢筋的配置，除应满足上述对一般梁的构造要求外，还应符合下列要求：

（1）沿梁全长，梁的顶面和底面纵向钢筋的配筋率不应小于0.2%。

（2）梁端顶面的纵向钢筋至少应有50%沿梁全长贯通；对于多跨梁，不能采用整根钢筋时，应采用机械连接或焊接接头，同一截面内的接头钢筋截面面积，不应超过全部顶面主筋截面面积的50%；接头位置宜设在某一跨度的中段。

（3）梁底面纵向钢筋应全部伸入框架柱内不少于 l_{aE}，且钢筋端部的竖向弯折段长度不应小于 $15d$。

（4）梁的两个侧面应设置 ϕ14 纵向腰筋，间距不大于200mm，腰筋应按受拉钢筋的要求锚固在柱内。

（5）支座上部的纵向钢筋在框架柱内的锚固长度，应符合钢筋混凝土框支梁的有关要求。

3. 梁的箍筋

（1）梁中段。为防止梁在其抗弯强度未得到充分发挥之前发生脆性的剪切破坏，沿梁的全长，应适当地配置箍筋，如图4-10所示。梁的中段，箍筋的间距 S 应符合下列要求：

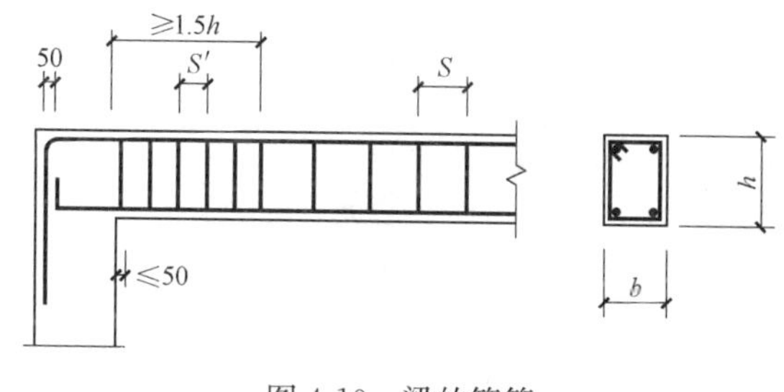

图4-10　梁的箍筋

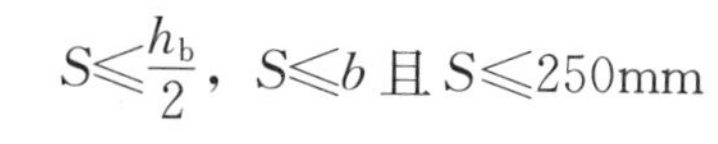

$$S \leqslant \frac{h_b}{2}，S \leqslant b \text{ 且 } S \leqslant 250\text{mm}$$

（2）梁端部。梁的端部，不仅剪力较大，而且较大弯矩往往使受压区混凝土因出现高应力而破裂。为防止地震时梁端发生脆性的剪切破坏或局压破坏，并使梁端可能出现的塑性铰离柱边较远，梁的端部，箍筋应加密。

（3）钢筋混凝土托墙梁的箍筋，直径不应小于 ϕ8，间距不应大于200mm。梁端在1.5倍梁高且不小于1/5梁净跨范围内，以及上部墙体的洞口处和洞口两侧各500mm且不小于梁高的范围内，箍筋间距不应大于100mm。

（4）箍筋弯钩。梁的箍筋在接头处应做成135°弯钩，弯钩端部的直线段长度不应小于箍筋直径的10倍，如图4-11所示。

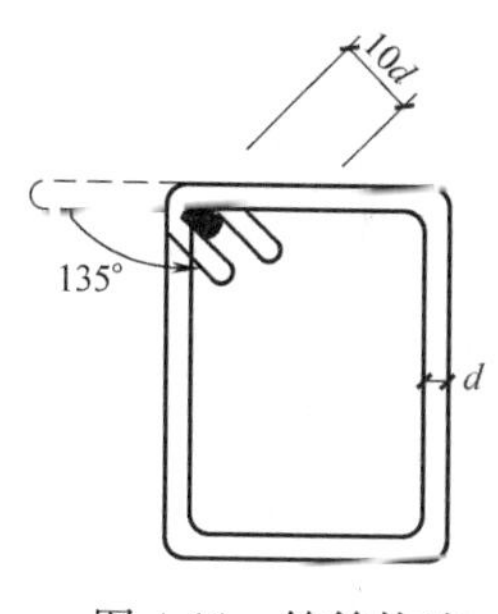

图4-11　箍筋构造

4.8　框架柱与砌体填充墙拉结构造

1. 框架柱与砖砌体填充墙拉结

框架柱与砖砌体填充墙拉结，如图4-12所示。

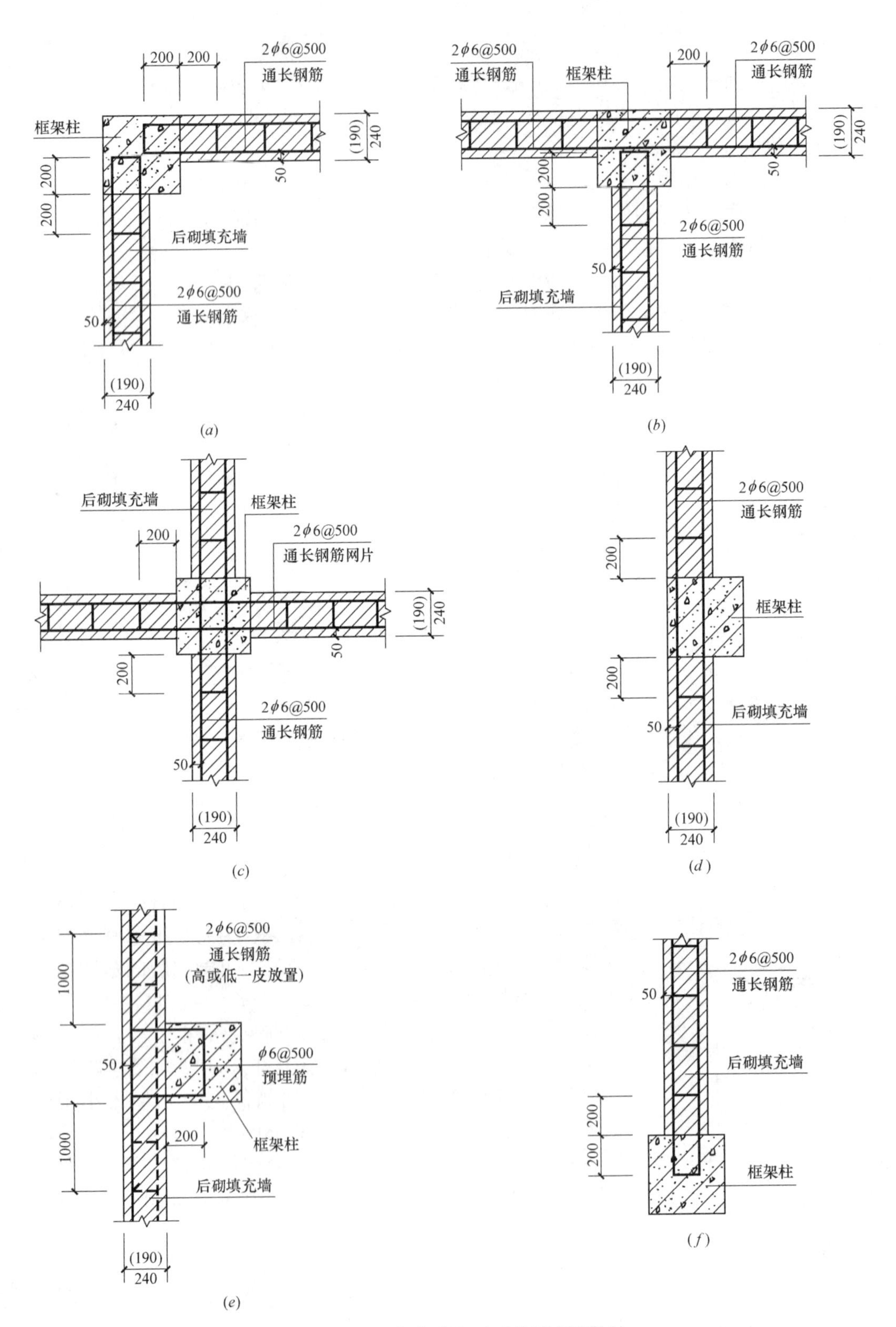

图 4-12　框架柱与砖砌体填充墙拉结

(*a*) 转角墙；(*b*) 丁字墙；(*c*) 十字墙；(*d*) 一字墙；(*e*) 柱外侧；(*f*) 单侧墙

（1）砌体填充墙的块体强度等级应符合《砌体结构设计规范》（GB 50003—2011）的相关要求，砌筑砂浆强度等级不应低于 M5，填充墙顶应与框架梁密切结合。

（2）填充墙长度超过 5m 或墙长大于 2 倍层高时，墙顶与梁宜有拉结措施，墙体中部应加设构造柱；墙高度超过 4m 时宜在墙高中部设置与柱连接的水平系梁，墙高超过 6m 时，宜沿墙高每 2m 设置与柱连接的水平系梁，梁的截面高度不小于 60mm。

（3）填充墙应沿框架柱全高每隔 500mm 设置 2ϕ6 纵向钢筋和 ϕ4@250 横向短筋平面内点焊组成的拉结钢筋网片，伸入墙内的长度：抗震设防烈度为 6、7 度时宜沿全长贯通，8 度时应沿全长贯通。

2. 框架柱与砌块砌体填充墙拉结

框架柱与砌块砌体填充墙拉结，如图 4-13 所示。

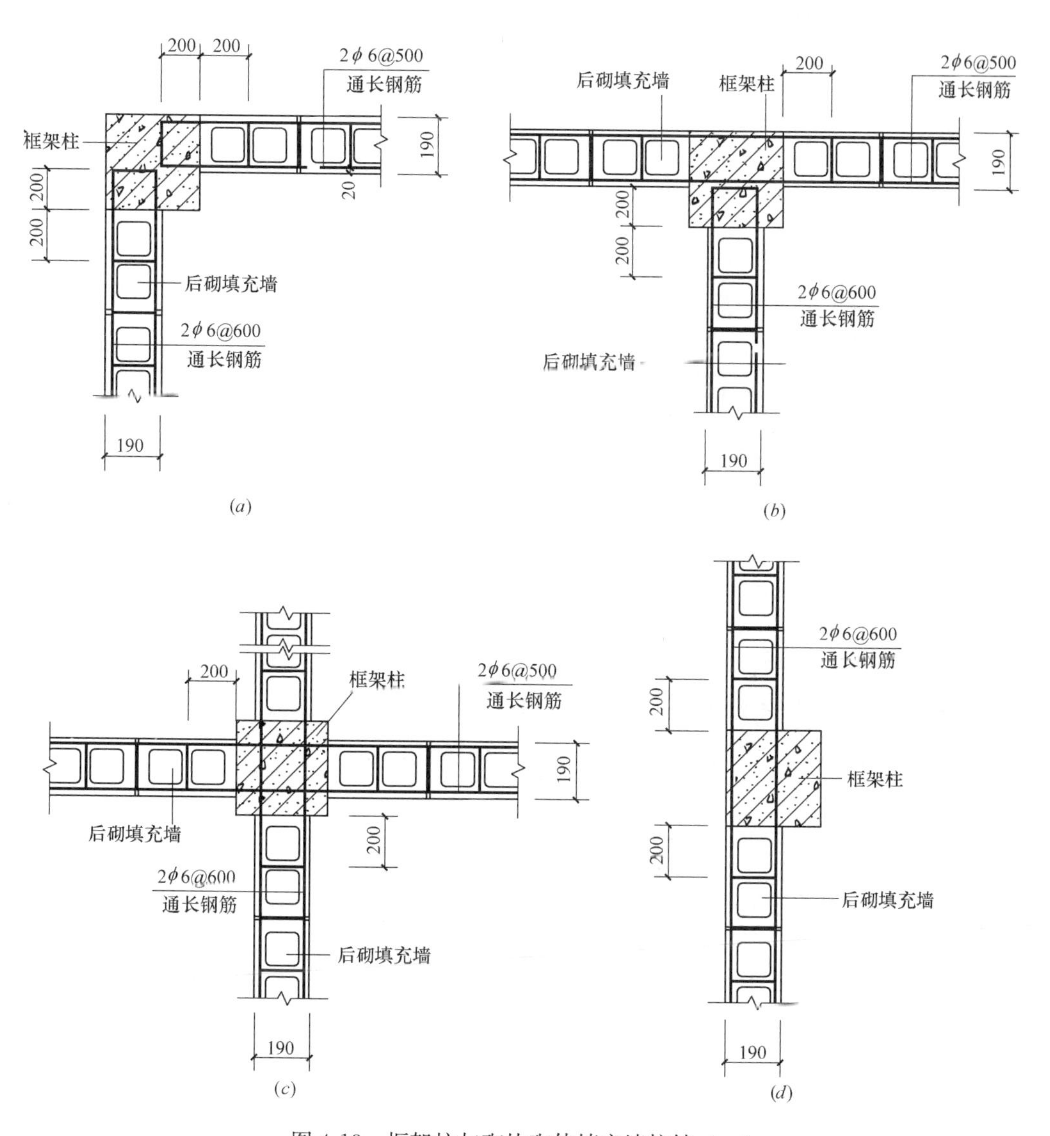

图 4-13　框架柱与砌块砌体填充墙拉结（一）

（*a*）转角墙；（*b*）丁字墙；（*c*）十字墙；（*d*）一字墙嵌砌

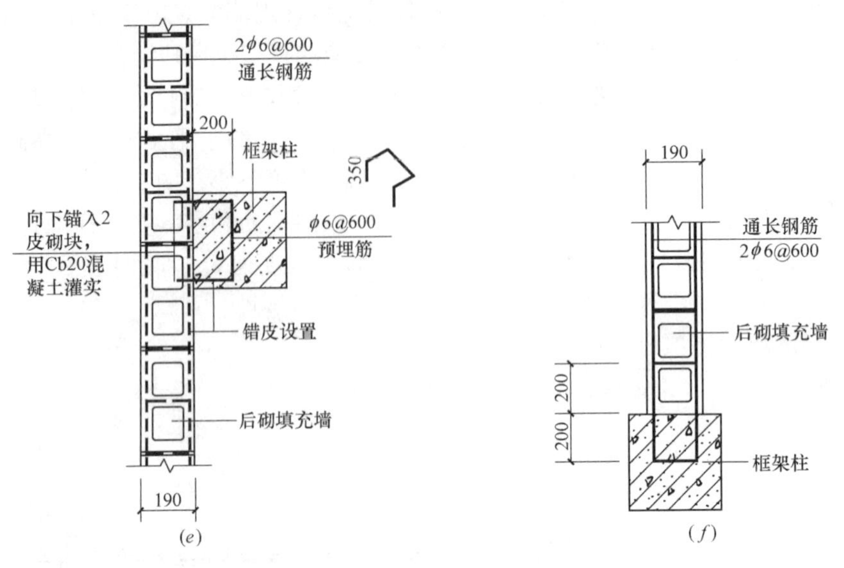

图 4-13　框架柱与砌块砌体填充墙拉结（二）
（e）一字墙贴砌；（f）单侧墙

（1）砌块砌体填充墙的块体强度等级应符合《砌体结构设计规范》（GB 50003—2011）的相关要求，砌筑砂浆强度等级不应低于 Mb5，填充墙顶应与框架梁密切结合。

（2）当填充墙墙长大于 5m 时，墙顶与梁宜有拉结；墙长超过 8m 或层高 2 倍时，宜设置双孔芯柱或钢筋混凝土构造柱；墙高超过 4m 时，墙体半高或窗台处应设置与柱连接沿墙全长贯通的钢筋混凝土水平系梁（可以采用系梁砌块浇筑）。

（3）填充墙应沿框架柱全高每隔 600mm 设置 ϕ4 点焊钢筋网片，伸入墙内的长度：抗震设防烈度为 6、7 度时宜沿全长贯通，8 度时应沿全长贯通。

（4）图中虚线钢筋与实线钢筋错皮放置。

3. 框架填充墙的顶部拉结

框架填充墙的顶部拉结，如图 4-14 所示。墙长大于 5m 时，墙顶与梁宜有拉结；墙长超过 8m 或层高 2 倍时，宜设置钢筋混凝土构造柱；墙高超过 4m 时，墙体半高处宜设置与柱连接且沿墙全长贯通的钢筋混凝土水平系梁。

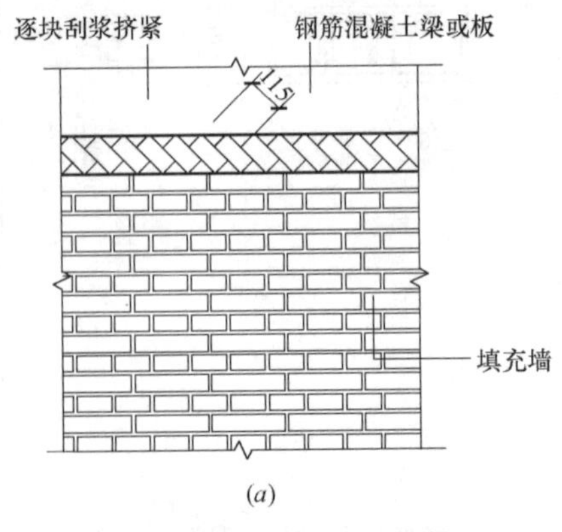

图 4-14　框架填充墙的顶部拉结（一）
（a）非抗震

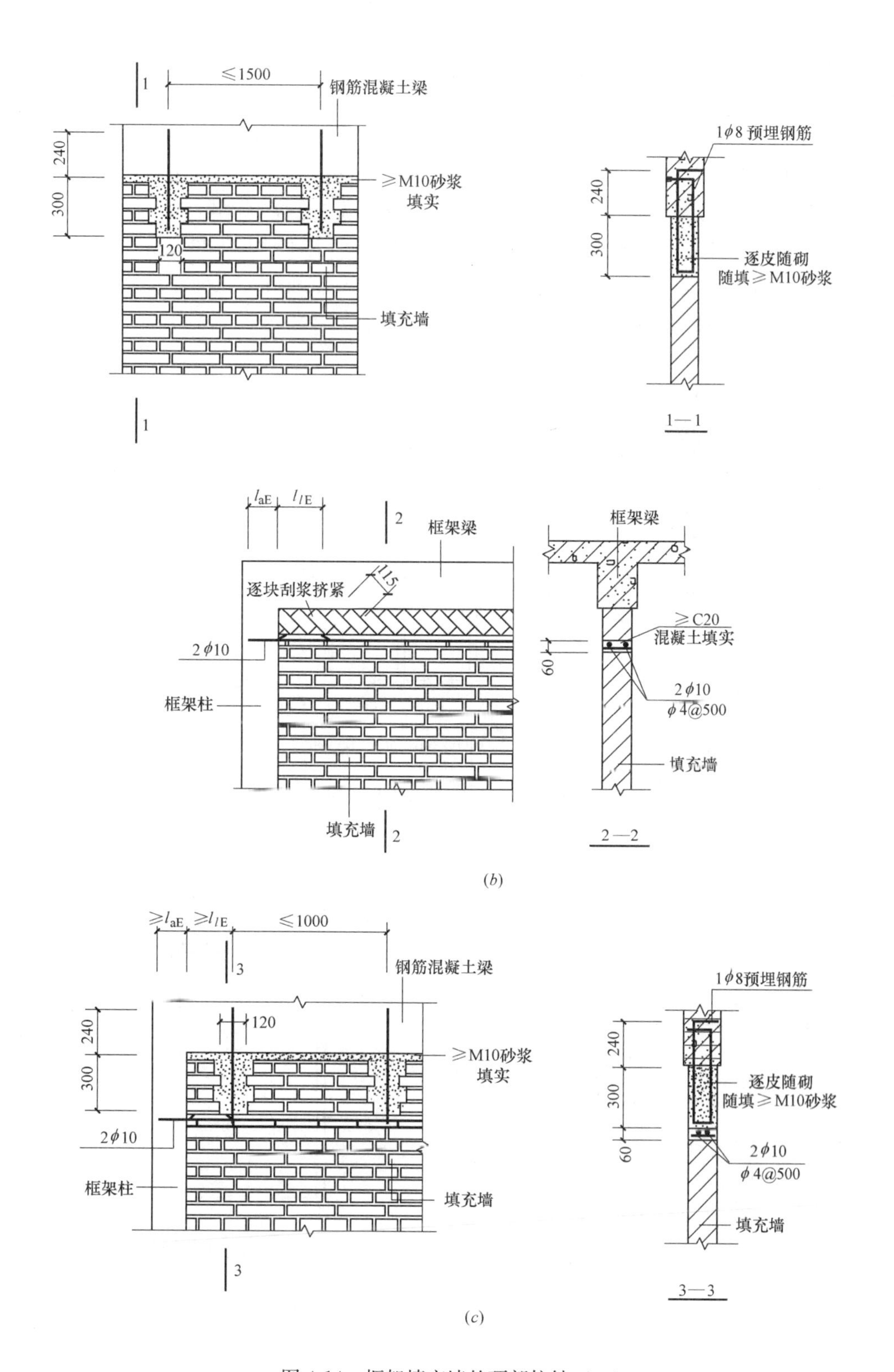

(*b*)

(*c*)

图 4-14　框架填充墙的顶部拉结（二）

（*b*）适用 6、7 度；（*c*）适用 8 度及 8 度乙类

4.9 底部框架-抗震墙砌体房屋抗震构造实例

【例 4-1】 某四层砖砌体结构房屋，其平面、剖面尺寸，如图 4-15 所示。横墙承重体系，楼、屋盖均采用预制钢筋混凝土空心板，楼梯间突出屋面。已知砖的强度等级为 MU10，砂浆强度等级为 M5。抗震设防烈度为 7 度，设计地震分组为第一组，设计基本地震加速度值为 0.10g。场地类别为Ⅱ类。未注明者外墙厚均为 370mm，内墙厚均为 240mm。门洞口尺寸未注明者，内门尺寸为 1000mm×2400mm，窗洞尺寸为 1500mm×2100mm。试验算该楼房墙体的抗震承载力。

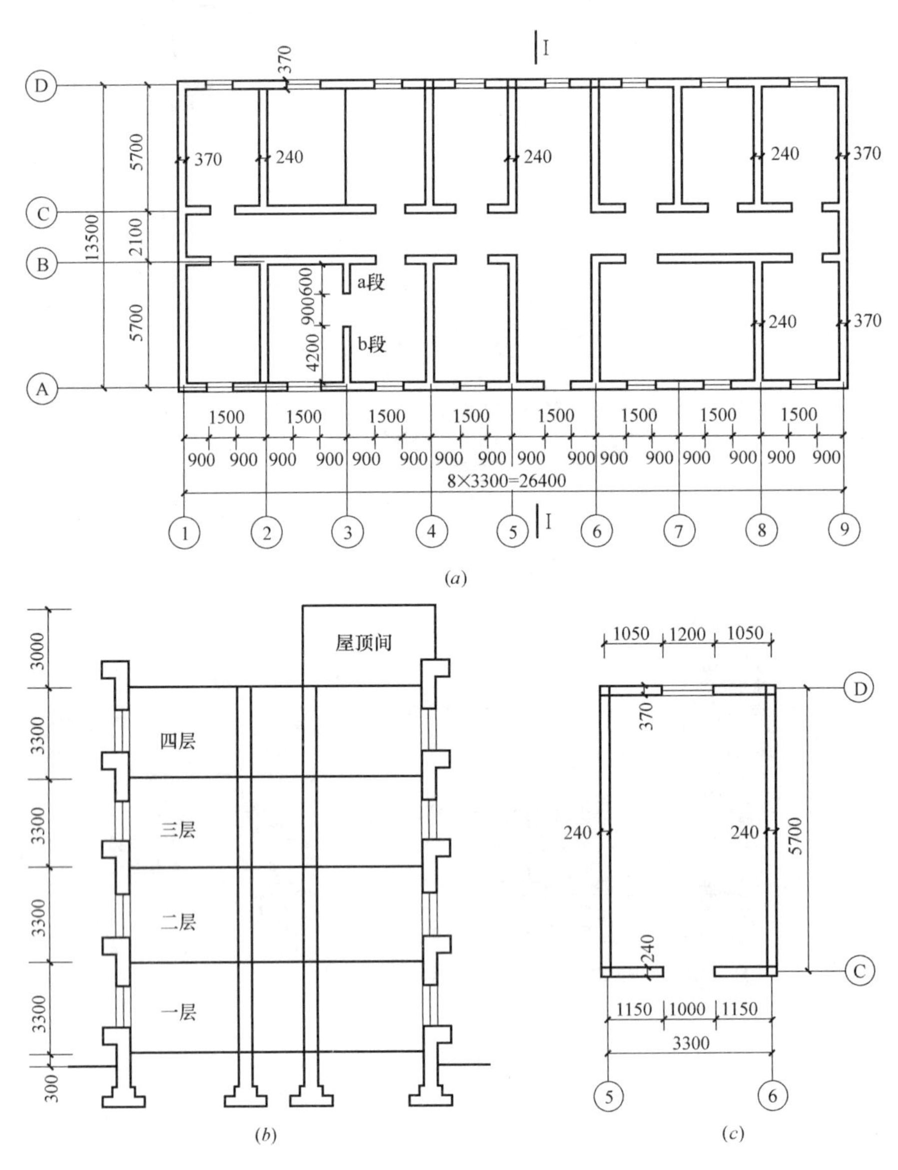

图 4-15　某四层砌体结构房屋平面与剖面

(a) 一层平面图；(b) Ⅰ—Ⅰ剖面图；(c) 屋顶间平面图

【解】

1. 计算各楼层重力荷载代表值

各楼层的重力荷载代表值应包括：楼面（或屋面）自重的标准值，楼（屋）面活荷载的50%，上下楼层各一半墙体自重。对于突出屋面的楼梯间，单独作为一个质点来考虑。计算结果如下：

屋顶间顶盖处 $G_5=198.6\text{kN}$

四层 $G_4=3957.4\text{kN}$

三层 $G_3=4579.5\text{kN}$

二层 $G_2=4579.5\text{kN}$

一层 $G_1=4920.3\text{kN}$

2. 计算结构底部的总水平地震作用

抗震设防烈度为7度，设计基本地震加速度值为0.10g，所以 $\alpha_{\max}=0.08$。总水平地震作用的标准值为

$$
\begin{aligned}
F_{\text{Ek}} &= \alpha_{\max}G_{\text{eq}}=\alpha_{\max}\times0.85\sum G_i \\
&= 0.08\times0.85\times(198.6+3957.4+4579.5\times2+4920.3) \\
&= 1240.0\text{kN}
\end{aligned}
$$

3. 计算各楼层的水平地震剪力

各楼层的水平地震剪力，如表4-6所示。

各楼层的水平地震作用及地震剪力标准值 **表4-6**

层数	G_i(kN)	H_i(m)	G_iH_i(kN·m)	$\dfrac{G_iH_i}{\sum_{j=1}^{5}G_jH_j}$	F_i(kN)	V_i(kN)
屋顶间	198.6	17	3376.2	0.021	25.868	77.603
4	3957.4	14	55403.6	0.342	424.491	450.359
3	4579.5	10.7	49000.65	0.303	375.433	825.792
2	4579.5	7.4	33888.3	0.209	259.645	1085.437
1	4920.3	4.1	20173.23	0.125	154.563	1240.0
Σ	18235.3	—	161842	—	—	—

不需考虑顶部附加地震作用，所以各楼层的水平地震作用按 $F_i=\dfrac{G_iH_i}{\sum_{j=1}^{4}G_jH_j}F_{\text{Ek}}$ 计算。

各楼层水平地震剪力按 $V_i=\sum_{j=i}^{5}F_j$ 计算。

注意：屋顶间考虑鞭梢效应，地震剪力取计算值的3倍，即

$$V_5=3F_5=3\times25.868=77.603\text{kN}$$

4. 抗震承载力验算

（1）横向地震作用下，横墙抗剪承载力验算

因③轴墙体开洞，截面积较小，所以进行抗震验算。④轴、⑥轴及⑧轴墙体的从属面积较大，也应进行验算，本例取底层③轴墙体和④轴墙体为例分别进行验算。

1）底层③轴墙体抗震验算

③轴墙体横截面面积

$$A_{13}=\left(5.7+\frac{0.24+0.37}{2}-0.9\right)\times 0.24=1.225\text{m}^2$$

底层横墙总截面面积

$$A_1=(13.5+0.37)\times 0.37\times 2+\left(5.7+\frac{0.24+0.37}{2}\right)\times 0.24\times 11$$

$$+\left(5.7+\frac{0.24+0.37}{2}-0.9\right)\times 0.24=27.342\text{m}^2$$

③轴墙体所承担的重力荷载面积

$$S_{13}=3.3\times\left(5.7+\frac{0.37}{2}+\frac{2.1}{2}\right)=22.89\text{m}^2$$

底层总面积

$$S_1=(26.4+0.37)\times(13.5+0.37)=371.30\text{m}^2$$

③轴墙体所承担的水平地震剪力设计值为

$$V_{13}=\frac{1}{2}\left(\frac{A_{13}}{A_1}+\frac{S_{13}}{S_1}\right)V_1=\frac{1}{2}\times\left(\frac{1.225}{27.342}+\frac{22.89}{371.30}\right)\times 1240=66.0\text{kN}$$

③轴墙体有门洞 0.9m×2.1m，将墙分为 a、b 两段，计算墙段高宽比时，墙段 a、b 的高 h 取 2.1m，则

a 墙段的高宽比为

$$1<\frac{h}{b}=\frac{2.1}{0.6+0.12}=2.92<4$$

b 墙段的高宽比为

$$\frac{h}{b}=\frac{2.1}{4.2+\frac{0.37}{2}}=0.479<1$$

a 墙段的侧移刚度为

$$K_a=\frac{Et}{\frac{h}{b}\left[\left(\frac{h}{b}\right)^2+3\right]}=\frac{Et}{2.92\times(2.92^2+3)}=0.030Et$$

b 墙段的侧移刚度为

$$K_b=\frac{Etb}{3h}=\frac{Et}{3\times 0.479}=0.696Et$$

各墙段分配到的水平地震剪力为

a 墙段

$$V_a=\frac{K_a}{K_a+K_b}V_{13}=\frac{0.030Et}{0.030Et+0.696Et}\times 66.0=2.727\text{kN}$$

b 墙段

$$V_b=\frac{K_b}{K_a+K_b}V_{13}=\frac{0.696Et}{0.030Et+0.696Et}\times 66.0=63.273\text{kN}$$

已知各墙段在半层高处的平均压应力（用墙体所负担的竖向荷载除以墙体的横截面面积即可求得）为

a 墙段 $\sigma_0=0.65\text{N/mm}^2$

b 墙段 $\sigma_0=0.47\text{N/mm}^2$

采用 M5 级砂浆，$f_v=0.11\text{N/mm}^2$

对 a 墙段，$\dfrac{\sigma_0}{f_v}=\dfrac{0.65}{0.11}=5.91$，查表 4-7 得，$\xi_N=1.591$，则

砖砌体强度的正应力影响系数 ξ_N **表 4-7**

砌体类别	σ_0/f_v						
	0.0	1.0	3.0	5.0	7.0	10.0	12.0
普通砖、多孔砖	0.80	0.99	1.25	1.47	1.65	1.90	2.05

$$f_{vE}=\xi_N f_v=1.591\times0.11=0.175\text{N/mm}^2$$

$$A=240\times(600+120)=172800\text{mm}^2，\gamma_{RE}=1.0$$

$$\frac{f_{vE}A}{\gamma_{RE}}=\frac{0.175\times172800}{1.0}=30240\text{N}=30.24\text{kN}>V_a=2.727\times1.3=3.545\text{kN}$$

满足要求。

对 b 墙段，$\dfrac{\sigma_0}{f_v}=\dfrac{0.47}{0.11}=4.27$，查表 4-7 得，$\xi_N=1.420$，则

$$f_{vE}=\xi_N f_v=1.420\times0.11=0.156\text{N/mm}^2$$

$$A=240\times(4200+185)=1052400\text{mm}^2，\gamma_{RE}=1.0$$

$$\frac{f_{vE}A}{\gamma_{RE}}=\frac{0.156\times1052400}{1.0}=164174\text{N}=164.17\text{kN}>V_b=63.273\times1.3=82.255\text{kN}$$

满足要求。

2）底层④轴墙体抗震验算

④轴墙体横截面面积

$$A_{14}=\left(5.7+\frac{0.24+0.37}{2}\right)\times0.24\times2=2.88\text{m}^2$$

④轴墙体所承担的重力荷载面积

$$S_{14}=\left(5.7+\frac{0.37}{2}+\frac{2.1}{2}\right)\times\left(\frac{3.3+6.6}{2}+3.3\right)=57.21\text{m}^2$$

④轴墙体所承担的水平地震剪力设计值为

$$V_{14}=\frac{1}{2}\left(\frac{A_{14}}{A_1}+\frac{S_{14}}{S_1}\right)V_1=\frac{1}{2}\times\left(\frac{2.88}{27.342}+\frac{57.21}{371.30}\right)\times1240=160.8\text{kN}$$

已知各墙段在半层高处的平均压应力为 $\sigma_0=0.44\text{N/mm}^2$，采用 M5 级砂浆，$f_v=0.11\text{N/mm}^2$，$\dfrac{\sigma_0}{f_v}=\dfrac{0.44}{0.11}=4$，查表 4-8，得 $\xi_N=1.36$，则

$$f_{vE}=\xi_N f_v=1.36\times0.11=0.150\text{N/mm}^2，\gamma_{RE}=1.0$$

$$\frac{f_{vE}A}{\gamma_{RE}}=\frac{0.150\times2880000}{1.0}=432000\text{N}=432\text{kN}>V_{14}=160.8\times1.3=209.0\text{kN}$$

满足要求。

（2）纵向地震作用下，纵墙抗剪承载力验算

外纵墙窗洞削弱墙体，窗间墙截面较小，为不利墙段，应进行抗震验算。此处以底层

A 轴外纵墙为例进行验算。纵墙各墙肢比较均匀，因此刚度比可近似按墙肢截面面积比例计算。

A 轴墙体横截面面积

$$A_{1A}=(26.4+0.37-1.5\times8)\times0.37=5.465\text{m}^2$$

底层纵墙总截面面积

$$A_1=(26.4+0.37-1.5\times8)\times0.37\times2+(26.4+0.37)\times0.24\times2-1.0\times0.24\times11-(3.3-0.24)\times2\times0.24=19.671\text{m}^2$$

A 轴墙体所承担的水平地震剪力设计值为

$$V_{1A}=\frac{A_{1A}}{A_1}V_1=\frac{5.465}{19.671}\times1240=344.50\text{kN}$$

已知 A 轴纵墙在半层高处的平均压应力为 $\sigma_0=0.52\text{N/mm}^2$，采用 M5 级砂浆，$f_v=0.11\text{N/mm}^2$，$\frac{\sigma_0}{f_v}=\frac{0.52}{0.11}=4.73$，查表 4-7 得，$\xi_N=1.470$，则

$$f_{vE}=\xi_N f_v=1.470\times0.11=0.162\text{N/mm}^2$$

$$A=A_{1A}=5465000\text{mm}^2,\ \gamma_{RE}=1.0$$

$$\frac{f_{vE}A}{\gamma_{RE}}=\frac{0.162\times5465000}{1.0}=885330\text{N}=885.33\text{kN}>V_{1A}=344.5\times1.3=447.85\text{kN}$$

【例 4-2】 工程选用六层住宅，如图 4-16 所示，底层高 4.2m，各层层高为 3.0m。室外高差为 0.6m，基础埋深-1.6m，墙厚 190mm，建筑面积为 1990.74m²，现浇钢筋混凝土楼屋盖。砌块为 MU15，混凝土采用 C20。第 1 层到第 3 层采用 M10 砂浆，第 4 层到第 6 层采用 M7.5 砂浆。基础形式为天然地基条形基础。场地类别Ⅳ类，抗震设防类别为丙类，抗震设防烈度为 7 度。

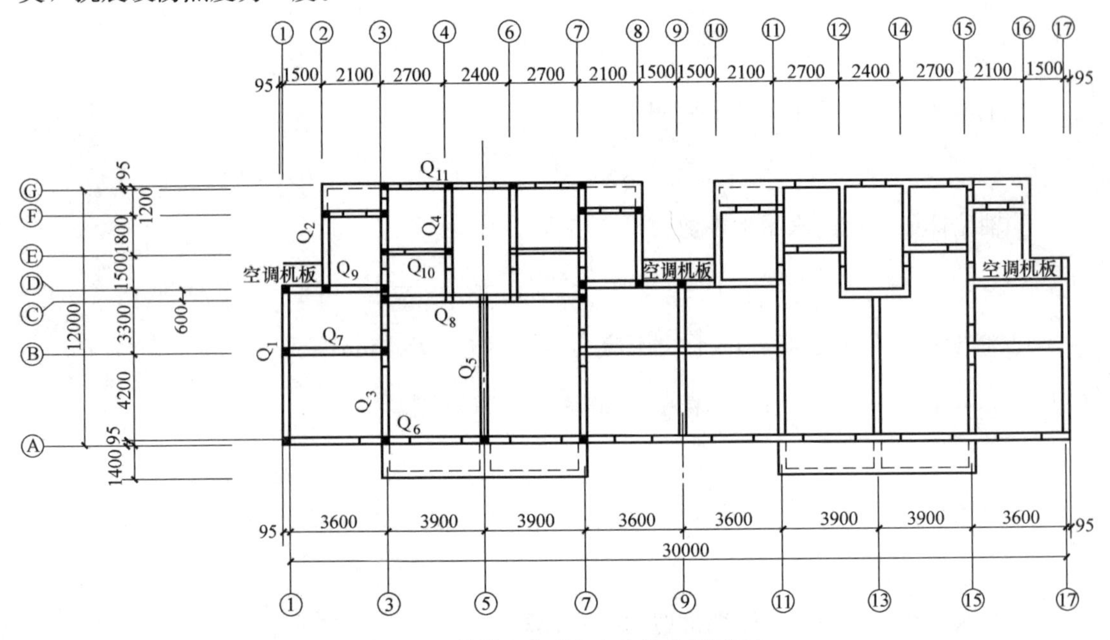

图 4-16　混凝土小型空心砌块房屋平面

【解】

1. 荷载计算

（1）屋面（无屋顶水箱）：

架空板 1.2kN/m^2

防水层 0.4kN/m^2

保温找坡 1.0kN/m^2

现浇板　h=120mm 3.0kN/m^2

板底粉刷 0.4kN/m^2

合计 6.0kN/m^2

活载（不上人屋面） 0.7kN/m^2

（2）卧室，厅：

面层 1.0kN/m^2

现浇板　h=100mm 2.5kN/m^2

板底粉刷 0.4kN/m^2

合计 3.9kN/m^2

活载 2.0kN/m^2

计算基础　$3.9+0.65\times2.0=5.2$kN/m^2

（3）厨房，厕所：

面层 1.0kN/m^2

现浇板　h=80mm 2.0kN/m^2

板底粉刷 0.4kN/m^3

合计 3.4kN/m^2

活载 2.0kN/m^2

合计 5.4kN/m^2

计算基础　$3.4+0.65\times2=4.7$kN/m^2

（4）楼梯：

现浇楼梯自重 6.5kN/m^2

活载 1.5kN/m^2

合计 8.0kN/m^2

计算基础　$6.5+0.65\times1.5=7.5$kN/m^2

（5）阳台（梁板式）：

阳台板 3.4kN/m^2

阳台栏杆，梁 4.8kN/m^2

活载 2.5kN/m^2

（6）墙体：

190mm 厚小砌块（含双面粉刷，设有芯柱的墙体自重折算平均） 3.7kN/m^2

100mm 厚小砌块（含双面粉刷） 2.9kN/m^2

80mm 厚空调机板（600mm×1000mm） 2.0kN/m^2

面层 1.0kN/m^2

板底粉刷 0.4kN/m²

栏杆 (1+0.6)×2.5/(1×0.6)≈6.7kN/m²

合计 10.1kN/m²

将空调机板荷载转化到砖墙上 10.1×0.6=6.06≈6.1kN/m

活载 2.5×0.6=1.5kN/m

合计 7.6kN/m

2. 墙体刚度计算

底层墙厚 t=0.19m，墙高 h=4.2m

3. 抗震验算

设防烈度为 7 度，场地类型Ⅳ类，荷载取值，如表 4-8 所示，计算高度，如图 4-17 所示。

荷载取值 **表 4-8**

层　数	G_{eq}=1.0 静+0.5 活/kN	层　数	G_{eq}=1.0 静+0.5 活/kN
6	4520	2	3930
5	3930	1	6542
4	3930	Σ	26782
3	3930		

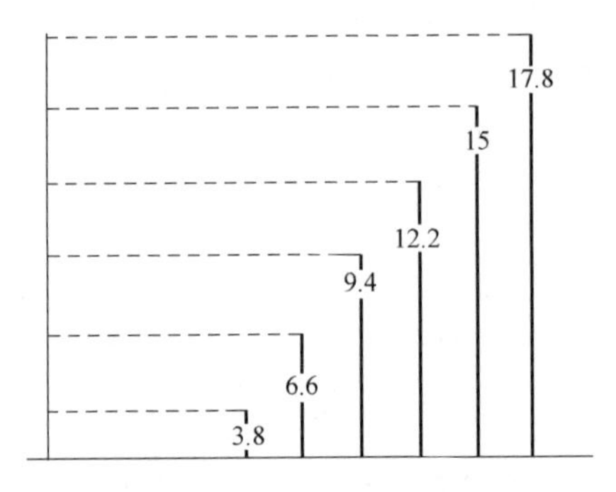

图 4-17 计算高度简图

总水平地震作用标准值

$$F_{Ek}=\alpha_{max}G_{eq}=0.08\times26782\times85\%=1821.18\text{kN}$$

$$F_i=G_iH_i\times\frac{F_{Ek}}{\sum_{j=1}^{6}G_jH_j}$$

其中

$$\sum_{j=1}^{6}G_jH_j=6542\times3.8+3930\times(6.6+9.4+12.2+15)+17.8\times4520=275091.6\text{kN}\cdot\text{m}$$

$$F_i=G_iH_i\times\frac{F_{Ek}}{\sum_{j=1}^{6}G_jH_j}=G_iH_i\times\frac{1821.18}{275091.6}=0.0066G_iH_i$$

（1）各层地震件作用标准值

$F_6=0.0066\times4520\times17.8=531\text{kN}$

$F_5=0.0066\times3930\times15=389.07\text{kN}$

$F_4=0.0066\times3930\times12.2=316.44\text{kN}$

$F_3=0.0066\times3930\times9.4=243.82\text{kN}$

$F_2=0.0066\times3930\times6.6=171.19\text{kN}$

$F_1=0.0066\times6542\times3.8=164.07\text{kN}$

（2）作用于 i 层的地震剪力

$V_6=531\text{kN}$

$V_5=531+389.07=920.07\text{kN}$

$V_4=920.07+316.44=1236.51\text{kN}$

$V_3=1236.51+243.82=1480.33\text{kN}$

$V_2=1480.33+171.19=1951.52\text{kN}$

$V_1=1651.52+164.07=1815.59\text{kN}$

（3）地震剪力分配

因为楼层面板均为现浇，故地震剪力按墙段等效刚度比例分配。

选择墙段：

横墙　Q_2（墙宽 3.49m）

　　　Q_3（墙宽 7.09m）

横墙墙段剪力分配，如表 4-9 所示。

横墙墙段剪力分配　　**表 4-9**

层数	层剪力(kN)	层总刚度	墙段刚度		刚度比	墙段剪力(kN)
6	531	1.678	Q_2	0.074	0.044	23.36
			Q_5	0.15	0.089	47.26
5	920.07	1.678	Q_2	0.074	0.044	40.48
			Q_5	0.15	0.089	81.89
4	1236.51	1.678	Q_2	0.074	0.044	54.41
			Q_5	0.15	0.089	110.05
3	1480.33	1.678	Q_2	0.074	0.044	65.13
			Q_5	0.15	0.089	131.75
2	1651.52	1.678	Q_2	0.074	0.044	72.67
			Q_5	0.15	0.089	146.99
1	1815.59	1.14	Q_2	0.033	0.029	52.65
			Q_5	0.107	0.094	170.67

纵墙　Q_6（墙宽 1.5m）

　　　Q_7（墙宽 3.79m）

纵墙墙段剪力分配，如表 4-10 所示。

纵墙墙段剪力分配　　表 4-10

层数	层剪力(kN)	层总刚度	墙段刚度		刚度比	墙段剪力(kN)
6	531	0.824	Q_6	0.071	0.086	45.67
			Q_7	0.08	0.097	51.51
5	920.07	0.824	Q_6	0.071	0.086	79.13
			Q_7	0.08	0.097	89.25
4	1236.51	0.824	Q_6	0.071	0.086	106.34
			Q_7	0.08	0.097	119.94
3	1480.33	0.824	Q_6	0.071	0.086	127.31
			Q_7	0.08	0.097	143.59
2	1651.52	0.824	Q_6	0.071	0.086	142.03
			Q_7	0.08	0.097	160.2
1	1815.59	0.416	Q_6	0.011	0.026	47.21
			Q_7	0.04	0.096	174.3

4. 正应力计算

（1）底层刚度计算，如表 4-11 所示。

底层刚度计算　　表 4-11

轴线号	墙号	墙高 h (m)	墙段宽 b (m)	$\rho=h/b$	墙段数量	$h/b<1$ $K=t/3\rho$	$1<h/b<4$ $k=t/(\rho^3+3\rho)$	ΣK	合计
1	Q_1	4.2	7.69	0.55<1	3	0.19/(3×0.55)=0.116		0.116×3=0.348	横墙 1.138
2	Q_2	4.2	3.49	1<1.20<4	4		0.19/(1.2³+3×1.2)=0.035	0.035×4=0.140	
3	Q_3	4.2	3.2 2.9 2.5	1.31 1.45 1.68	4		0.19/6.20=0.031 0.19/7.38=0.026 0.19/9.78=0.019	0.076×4=0.304	
4	Q_4	4.2	1.1 3.19	3.82 1.32	4		0.19/67.12=0.003 0.19/6.23=0.030	0.033×4=0.132	
5	Q_5	4.2	7.09	0.59<1	2	0.19/(3×0.59)=0.107		0.107×2=0.214	
A	Q_6	1.2	1.24 1.8 1.5	3.39 2.33 2.8	2 4 3		0.19/49.02=0.004 0.19/19.70=0.01 0.19/30.35=0.006	0.004×2=0.008 0.01×4=0.04 0.006×3=0.018	纵墙 0.388
B	Q_7	4.2	3.79	1.11	4		0.19/4.69=0.041	0.041×4=0.164	
C	Q_8	4.2	2.59	1.62	2		0.19/9.13=0.021	0.021×2=0.042	
D	Q_9	4.2	2.29	1.83	4		0.19/11.62=0.016	0.016×4=0.064	
E	Q_{10}	4.2	1.9	2.21	4		0.19/17.43=0.011	0.011×4=0.044	
G	Q_{11}	4.2	0.995	4.22	4		0.19/87.87=0.002	0.002×4=0.008	

（2）标准层（墙高 h=3.0m，墙厚 t=0.19m）刚度计算，如表 4-12 所示。

（3）正应力计算

横墙　　$A_{Q_2}=3.49\times0.19=0.663\text{m}^2$

$A_{Q_5}=7.09\times0.19=1.347\text{m}^2$

标准层刚度计算 **表 4-12**

轴线号	墙号	墙高 h (m)	墙段宽 b (m)	$\rho=h/b$	墙段数量	$h/b<1$ $K=t/3\rho$	$1<h/b<4$ $k=t/(\rho^3+3\rho)$	ΣK	合计
1	Q_1	3.0	7.69	0.39<1	3	0.19/(3×0.39)=0.162		0.162×3=0.486	
2	Q_2	3.0	3.49	0.86<1	4	0.19/(3×0.86)=0.074		0.074×4=0.296	
3	Q_3	3.0	3.2 2.9 2.5	0.94<1 1<1.03<4 1<1.2<4	4	0.19/(3×0.94)=0.068 0.19/4.21=0.045 0.19/5.33=0.036		0.149×4=0.596	横墙 1.974
4	Q_4	3.0	1.1 3.19	1<2.73<4 0.94<1	4	0.19/(2.73³+3×2.73)=0.007 0.19/(3×0.94)=0.067		0.074×4=0.296	
5	Q_3	3.0	7.09	0.42<1	2	0.19/(3×0.42)=0.150		0.15×2=0.300	
A	Q_5	3.0	1.24 1.8 1.5	1<2.42<4 1<1.67<4 1<2<4	2 4 3	0.19/21.42=0.009 0.19/9.63=0.020 0.19/14=0.014		0.009×2=0.018 0.020×4=0.080 0.014×3=0.042	
B	Q_7	3.0	3.79	0.79<1	4	0.19/(3×0.79)=0.080		0.84×4=0.320	
C	Q_8	3.0	2.59	1<1.16<1	2	0.19/5.03=0.038		0.038×2=0.076	纵墙 0.824
D	Q_9	3.0	2.29	1<1.31<4	4	0.19/6.18=0.031		0.031×4=0.124	
E	Q_{10}	3.0	1.9	1<1.58<1	4	0.19/8.67=0.022		0.022×4=0.088	
G	Q_{11}	3.0	0.995 1.5	1<3.02<4 1<2<4	4	0.19/36.45=0.005 0.19/14=0.014		0.019×4=0.076	

纵墙 $A_{Q_6}=4.54\times0.19=0.863\text{m}^2$

$A_{Q_7}=3.79\times0.19=0.720\text{m}^2$

正应力 $\sigma_0=N\times L/(L\times t)(\text{kN/m}^2)=N/(t\times1000)(\text{N/mm})$

正应力计算，如表 4-13 所示。

正应力计算 **表 4-13**

层数	Q_2		Q_5		Q_6		Q_7	
	轴力设计值 N(kN/m)	正应力 σ_0 (MPa)	轴力设计值 N(kN/m)	正应力 σ_0 (MPa)	轴力设计值 N(kN/m)	正应力 σ_0 (MPa)	轴力设计值 N(kN/m)	正应力 σ_0 (MPa)
6	21.2	0.112	38.5	0.203	33.3	0.175	26.8	0.141
5	40.4	0.213	74.3	0.391	61.5	0.323	52.2	0.275
4	59.6	0.314	110.1	0.579	89.6	0.472	77.5	0.408
3	78.8	0.415	145.9	0.768	117.8	0.620	102.8	0.541
2	98.0	0.516	181.7	0.956	146.0	0.768	128.2	0.675
1	122.7	0.646	245.7	1.293	216.3	1.138	172.3	0.907

5. 墙段抗力与效应之比（表 4-14～表 4-17）

外墙转角及楼梯间四角处的各柱灌实 5 个孔，其他各柱灌实 4 个孔。灌芯混凝土强度等级 Cb20，芯柱竖向插筋 1ϕ14，竖向插筋贯通墙身与圈梁连接，并且深入地面下 500mm。

墙段抗力与效应之比（Q_2） **表 4-14**

墙段剪力 V_i(kN)	层数	抗剪强度		Q_2 ($A=0.663m^2$)			
		砌筑砂浆	f_v (MPa)	正应力影响系数 ζ_n	$f_{VE}=\zeta_n f_v$ (MPa)	抗震承载力 $V_R=\frac{f_{VE}A_i}{\gamma_{RE}}1000$	抗力效应 $k=\frac{V_R}{V_i\gamma_{Eh}}$
23.36	6	M7.5	0.08	1.350	0.108	79.56	2.62
40.48	5	M7.5	0.08	1.666	0.133	98.18	1.87
54.41	4	M7.5	0.08	1.981	0.158	116.75	1.65
65.13	3	M10	0.1	2.038	0.204	150.13	1.77
72.67	2	M10	0.1	2.278	0.228	167.81	1.78
52.65	1	M10	0.1	2.498	0.250	184.02	2.69

注：水平地震力分项系数 $\gamma_{Eh}=1.3$，承载力抗震调整系数 $\gamma_{RE}=0.9$。

墙段抗力与效应之比（Q_5） **表 4-15**

墙段剪力 V_i(kN)	层数	抗剪强度		Q_5 ($A=1.347m^2$)			
		砌筑砂浆	f_v (MPa)	正应力影响系数 ζ_n	$f_{VE}=\zeta_n f_v$ (MPa)	抗震承载力 $V_R=\frac{f_{VE}A_i}{\gamma_{RE}}1000$	抗力效应 $k=\frac{V_R}{V_i\gamma_{Eh}}$
47.26	6	M7.5	0.08	1.634	0.131	195.64	3.18
81.89	5	M7.5	0.08	2.222	0.178	266.05	2.50
110.05	4	M7.5	0.08	2.630	0.211	314.90	2.20
131.75	3	M10	0.1	2.706	0.271	405.00	2.36
146.99	2	M10	0.1	3.025	0.303	452.74	2.37
170.66	1	M10	0.1	3.598	0.360	538.50	2.43

注：水平地震力分项系数 $\gamma_{Eh}=1.3$，承载力抗震调整系数 $\gamma_{RE}=0.9$。

墙段抗力与效应之比（Q_6） **表 4-16**

墙段剪力 V_i(kN)	层数	抗剪强度		Q_6 ($A=0.863m^2$)			
		砌筑砂浆	f_v (MPa)	正应力影响系数 ζ_n	$f_{VE}=\zeta_n f_v$ (MPa)	抗震承载力 $V_R=\frac{f_{VE}A_i}{\gamma_{RE}}1000$	抗力效应 $k=\frac{V_R}{V_i\gamma_{Eh}}$
45.67	6	M7.5	0.08	1.547	0.124	118.67	2.00
79.13	5	M7.5	0.08	2.009	0.161	154.11	1.50
106.34	4	M7.5	0.08	2.403	0.192	184.34	1.33
127.31	3	M10	0.1	2.454	0.245	235.31	1.42
142.03	2	M10	0.1	2.707	0.271	259.57	1.41
68.99	1	M10	0.1	3.335	0.334	319.79	3.57

注：水平地震力分项系数 $\gamma_{Eh}=1.3$，承载力抗震调整系数 $\gamma_{RE}=0.9$。

墙段抗力与效应之比（Q_7）　　表 4-17

墙段剪力 V_i(kN)	层数	抗剪强度		Q_7(A=0.72m²)			
		砌筑砂浆	f_v (MPa)	正应力影响系数 ζ_n	$f_{VE}=\zeta_n f_v$ (MPa)	抗震承载力 $V_R=\frac{f_{VE}A_i}{\gamma_{RE}}1000$	抗力效应 $k=\frac{V_R}{V_i\gamma_{Eh}}$
51.51	6	M7.5	0.08	1.441	0.115	92.22	1.38
89.25	5	M7.5	0.08	1.859	0.149	118.98	1.03
119.94	4	M7.5	0.08	2.267	0.181	145.09	0.93
143.59	3	M10	0.1	2.320	0.232	185.60	0.99
160.2	2	M10	0.1	2.548	0.255	203.84	0.98
174.29	1	M10	0.1	2.942	0.294	235.36	1.04

注：水平地震力分项系数 γ_{Eh}=1.3，承载力抗震调整系数 γ_{RE}=0.9。

【例 4-3】 某四层底层框架抗震墙砖房，底层为商店，上部三层为住宅，底层平面、二层平面及剖面简图，如图 4-18 所示。已知，底层框架柱截面尺寸为 400mm×400mm，两层山墙为钢筋混凝土抗震墙，楼梯间处墙体为砖填充墙。除卫生间隔墙厚度为 120mm 外，其余所有墙厚均为 240mm。底层混凝土强度等级为 C30，底层和二层砖强度等级均为 MU10，砂浆强度等级为 M10；三、四层砖强度等级为 MU10，砂浆强度等级为 M7.5。各楼层重力荷载代表值：G_1=7380kN，G_2=G_3=6532kN，G_4=4870kN。该房屋建造地区抗震设防烈度为 7 度，场地为Ⅱ类，设计地震分组为第一组，设计基本地震加速度值为 0.15g。试确定底层框架柱所承担的剪力。

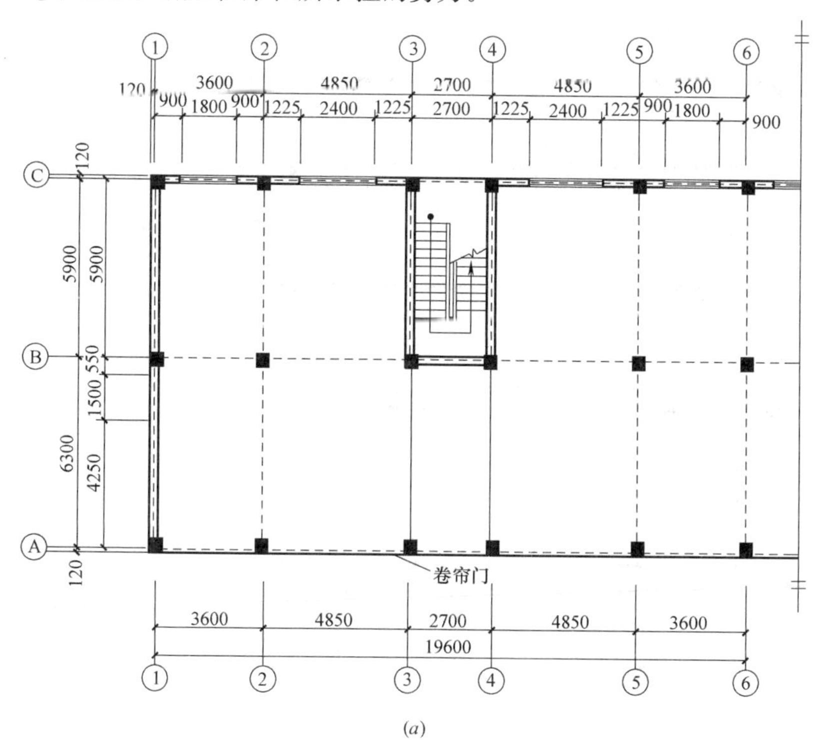

(a)

图 4-18　底部框架-抗震墙砌体房屋平面与剖面（一）
(a) 底层平面图

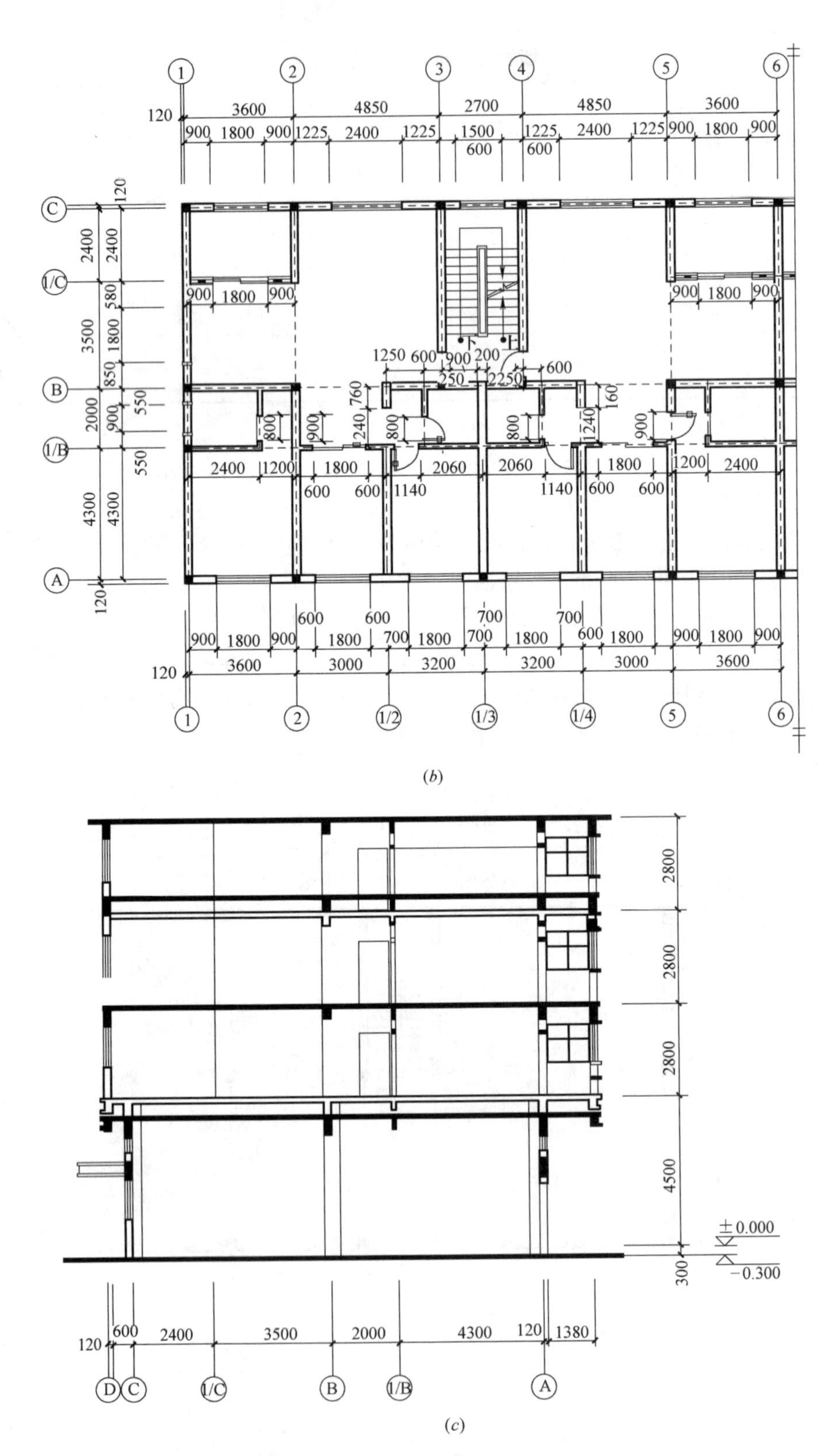

图 4-18 底部框架-抗震墙砌体房屋平面与剖面（二）
（*b*）二层平面图；（*c*）剖面图

【解】

采用底部剪力法计算。

设防烈度为 7 度，设计基本地震加速度值为 0.15g，对应 α_{max}=0.12。

底部总水平地震作用标准值为

$$F_{Ek}=\alpha_{max}G_{eq}=0.12\times0.85\times(7380+6532+6532+4870)=2582\text{kN}$$

各楼层的水平地震剪力，如表 4-18 所示。

各楼层水平地震作用及地震剪力标准值　　表 4-18

层数	G_i(kN)	H_i(m)	G_iH_i(kN·m)	$\frac{G_iH_i}{\sum_{j=1}^{4}G_jH_j}$	F_i(kN)	V_i(kN)
4	4870	13.40	65258.00	0.293	757.81	757.81
3	6532	10.60	69239.20	0.311	804.04	1561.85
2	6532	7.80	50949.60	0.229	591.65	2153.50
1	7380	5.00	36900.00	0.166	428.50	2582.00
Σ	25314	—	222346.80	—	—	—

底部框架-抗震墙砌体房屋不需考虑顶部附加地震作用，所以各楼层水平地震作用按 $F_i=\frac{G_iH_i}{\sum_{j=1}^{4}G_jH_j}F_{Ek}$ 计算。

【例 4-4】

1. 工程概况

某 15 层配筋砌块住宅，该住宅楼为塔式建筑，如图 4-19 所示，主体为 14 层，局部 15 层，典型层建筑面积为 500m^2，总建筑面积为 7000m^2；底层层高为 4.4m，典型层层高为 3m，建筑总高度为 46m。该工程位于Ⅲ类场地、7 度抗震设防区。

2. 墙体材料

（1）除电梯井部分墙体采用 C20 现浇钢筋混凝土外，其余承重墙均是采用 190mm 宽混凝土空心砌块的配筋砌体；外墙采用内贴 150mm 厚（05 级）加气混凝土保温。

（2）屋盖和各层楼盖均采用 80～100mm 厚现浇钢筋混凝土楼板。

（3）各楼层承重墙的砌体材料强度等级及灌孔率，如表 4-19 所示。

配筋砌块承重墙的砌体材料强度等级　　表 4-19

楼层序号	砌块	砂浆	灌孔混凝土	砌块灌孔率
15 层	MU10	Mb10	Cb20	66%
9～14 层	MU10	Mb10	Cb20	33%
3～8 层	MU15	Mb15	Cb25	66%
1、2 层	MU20	Mb20	Cb30	100%

注：33%～66%的灌孔率不包括墙体边缘构件部位的灌孔混凝土。

3. 墙体配筋

（1）配筋砌块剪力墙的配筋，除按承载力验算结果确定外，首先应满足《砌体结构设

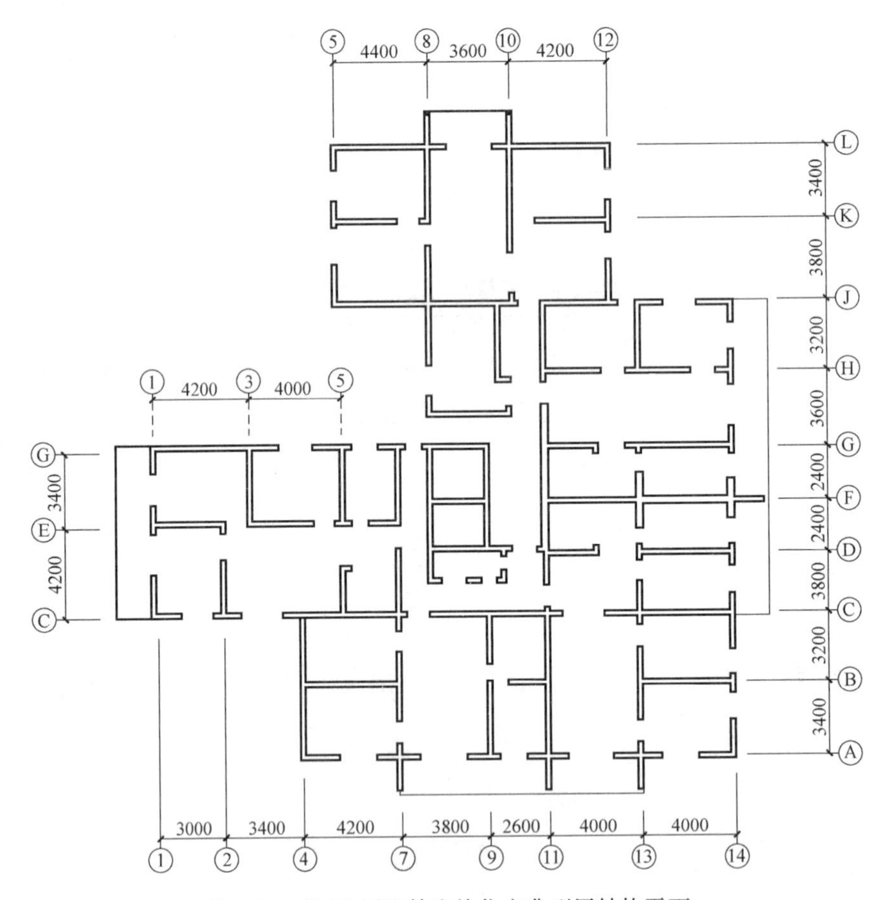

图 4-19　某 15 层配筋砌块住宅典型层结构平面

计规范》(GB 50003—2011）所规定的构造要求。构造配筋包括墙体水平、竖向分布钢筋及墙端 600mm 范围内的竖向集中配筋。根据此工程的结构抗震等级为二级，按构造要求确定的墙体配筋数量如表 4-20 所示。

砌块墙体的钢筋设置　　**表 4-20**

楼层序号	墙体部位	水平钢筋及配筋率		竖向钢筋及配筋率	
13～15 层	全部	2Φ10	0.103%	Φ16	0.132%
3～12 层	外墙转角(包括内角)	2Φ10	0.103%	Φ16	—
	其余部位	2Φ10	0.103%	Φ14	0.101%
1、2 层	全部	2Φ12	0.149%	Φ16	0.132%

(2）墙体竖向分布钢筋均匀配置时，钢筋的间距均为 800mm。砌块剪力墙竖向钢筋的配置情况，如图 4-20 所示。

(3）砌块剪力墙水平分布钢筋的配置情况，如图 4-21 所示。

4. 砌块剪力墙连梁

砌块剪力墙连梁采用楼盖处钢筋混凝土圈梁和砌块组合而成，连梁的截面和配筋如图 4-22 所示。

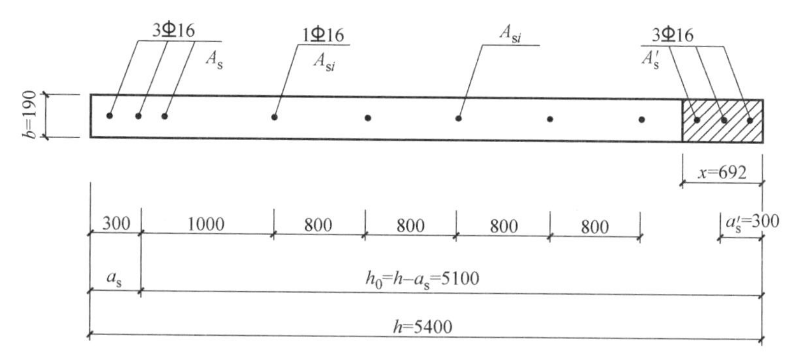

图 4-20　砌块剪力墙竖向钢筋配置

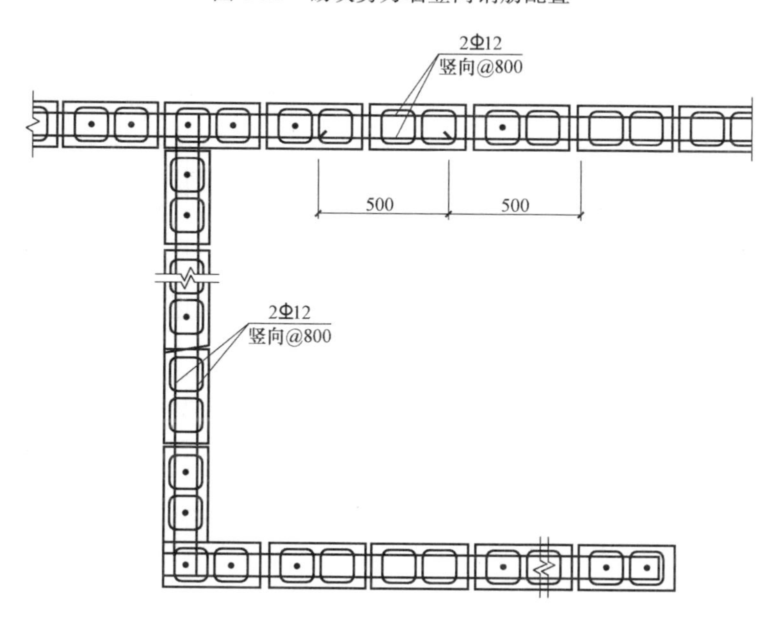

图 4-21　砌块剪力墙水平钢筋配置

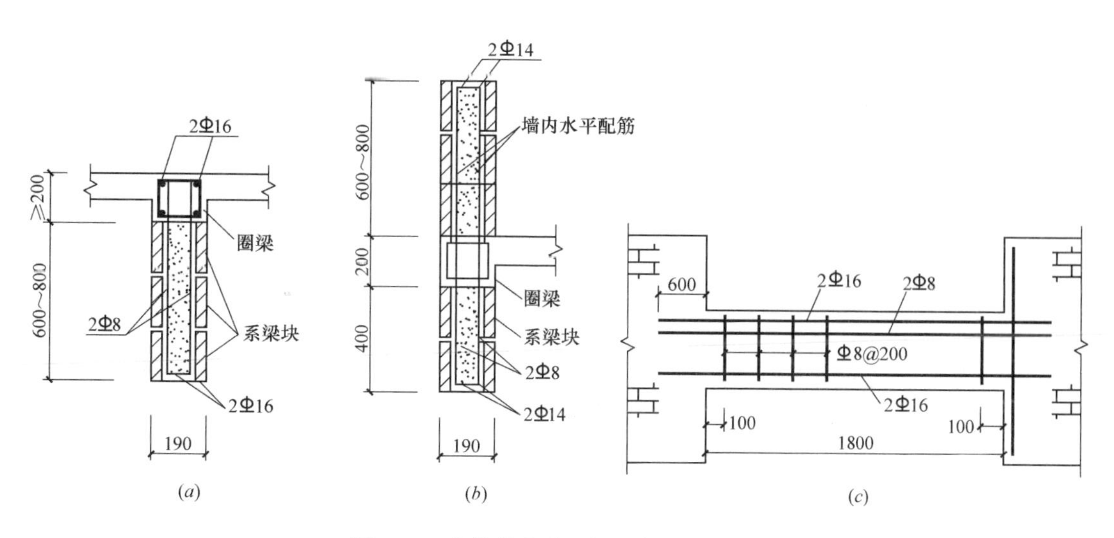

图 4-22　砌块剪力墙连梁的截面和配筋

(a) 内墙；(b) 外墙；(c) 内墙连梁立面

【例 4-5】

1. 工程概况

某 18 层配筋砌块住宅，该住宅楼抗震设防烈度为 8 度，Ⅱ类场地。大楼采用塔式建筑，一梯八户，结构平面如图 4-23 所示，典型层建筑面积为 633m²，总建筑面积为 13360m²；地下两层，地下一层为自行车库，地下二层为人防地下室；典型层层高为 2.8m，大楼主体屋面高度为 50.8m。

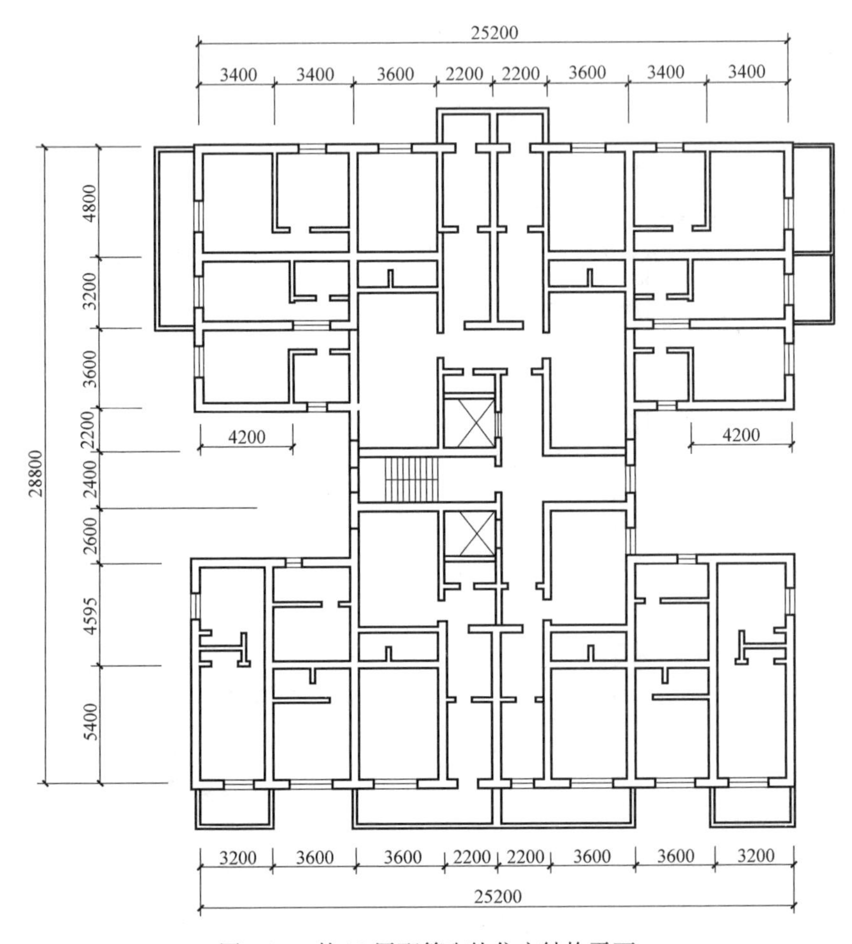

图 4-23　某 18 层配筋砌块住宅结构平面

2. 墙体材料

（1）除楼、电梯间采用现浇钢筋混凝土墙体外，其余墙体均采用小型混凝土空心砌块砌筑。

（2）为满足建筑热工要求，外墙采用复合夹心墙，如图 4-24 所示，其内叶承重墙采用 190mm（宽度）砌块，外叶自承重墙采用 90mm 宽装饰砌块，为保证内、外叶墙之间的拉结，沿墙高每隔 400mm（2 皮砌块高度）设置一道 ϕ4 镀锌钢筋网片；内、外叶墙之间的空腔，随后浇筑氮尿素发泡保温材料。

（3）承重内墙采用 190mm（宽度）砌块，各楼层墙体根据承载力要求采用不同的砌块灌孔率。自承重内墙采用 90mm（宽度）砌块，不灌孔。

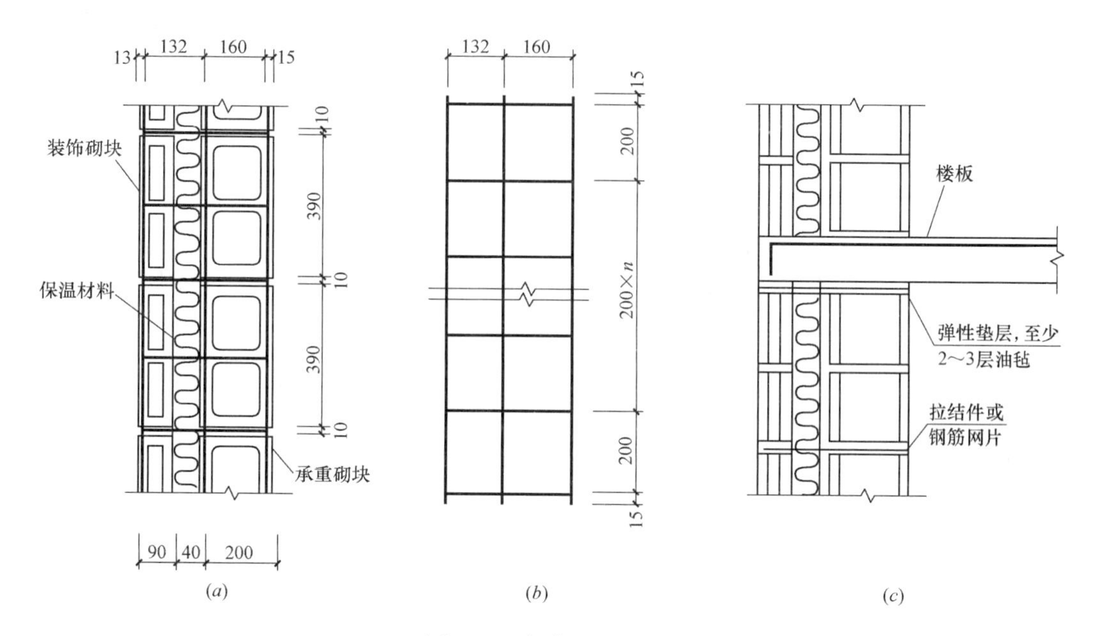

图 4-24　复合夹心保温墙

（a）墙体水平剖面；（b）拉接钢筋网片；（c）墙体竖向剖面

（4）各楼层内、外承重墙的砌块、砂浆和灌孔混凝土的强度等级，如表 4-21 所示。

结构墙体材料及配筋　　　　表 4-21

层数	砌块	砂浆	灌孔混凝土	砌体强度		边缘构件配筋		竖向钢筋	水平钢筋	灌孔率
				f_g (MPa)	f_{vg} (MPa)	竖筋	箍筋			
－1～3	MU20	Mb20	Cb40	11.57	0.76	每孔 1Φ22	每孔 1Φ8 竖向间距 200mm	Φ18@400	2Φ14@400	全部灌实
4～7	MU20	Mb20	Cb40	11.57	0.76	每孔 1Φ20	每孔 1Φ8 竖向间距 200mm	Φ18@400	2Φ12@400	全部灌实
8～12	MU15	Mb15	Cb30	6.58	0.56	每孔 1Φ20	每孔 1Φ8 竖向间距 200mm	Φ16@400	2Φ1@600	竖向孔洞每灌实 1 孔空 1 孔，水平方向每灌实 1 皮空 2 皮
13～15	MU10	Mb10	Cb20	5.43	0.51	每孔 1Φ18	每孔 1Φ8 竖向间距 200mm	Φ16@400	2Φ12@600	竖向孔洞每灌实 1 孔空 1 孔，水平方向每灌实 1 皮空 2 皮
16	MU10	Mb10	Cb20	5.43	0.51	每孔 1Φ20	每孔 1Φ8 竖向间距 200mm	Φ18@400	2Φ12@400	全部灌实
17～18	MU10	Mb10	Cb20	5.43	0.51	每孔 1Φ18	每孔 1Φ8 竖向间距 200mm	Φ16@400	2Φ12@400	全部灌实

3. 墙体分布配筋

（1）按照《砌体结构设计规范》（GB 50003—2011）规定，底部三层和顶层的墙体属加强部位。

（2）墙体分布配筋，因本工程为一级抗震等级，其水平和竖向最小配筋率 μ_{min} 均为 0.13%。考虑到本工程按 8 度设防，应适当提高配筋率。加强部位墙体，水平方向采用

2ϕ14@400，μ=0.41%；竖向采用 1ϕ18@400，μ=0.33%；一般部位墙体，水平方向采用 2ϕ12@400 和@600 两种，μ=0.30%和 μ=0.20%；竖向采用 1ϕ16@400，μ=0.26%。各楼层内、外承重砌块墙的水平、竖向分布钢筋，如表 4-21 所示。

4. 墙体边缘构件配筋

（1）为提高墙体的延性和弯剪承载力，按《砌体结构设计规范》（GB 50003—2011）的规定，在下列部位砌块竖孔内集中配置竖向钢筋：

1）墙尽端，内墙连梁洞口每侧的 3 个孔，外墙洞口每侧的 2 个孔，其余洞口每侧1～2 个孔。

2）L 形转角处的 5 个孔。

3）T 形转角处的 7 个孔。

（2）上述部位竖孔内的配筋，底部加强区段为 ϕ22，其余部位为 ϕ20 或 ϕ18。具体配筋情况见表 4-21 所示。

5 抗裂措施及坡屋面构造

5.1 房屋抗裂构造

1. 砖墙房屋抗裂构造

砖墙房屋抗裂构造，如图 5-1 所示。

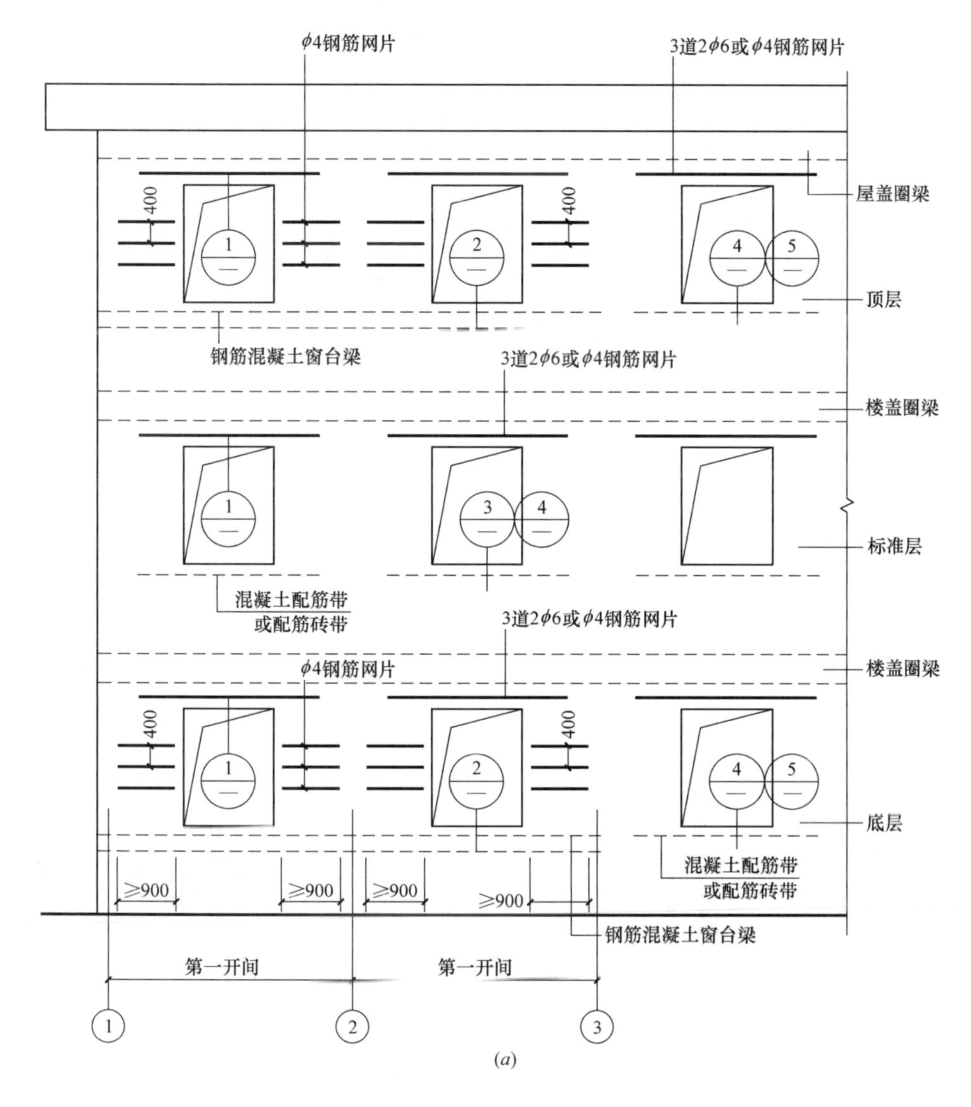

图 5-1 砖墙房屋抗裂构造（一）

(a) 外纵墙抗裂措施

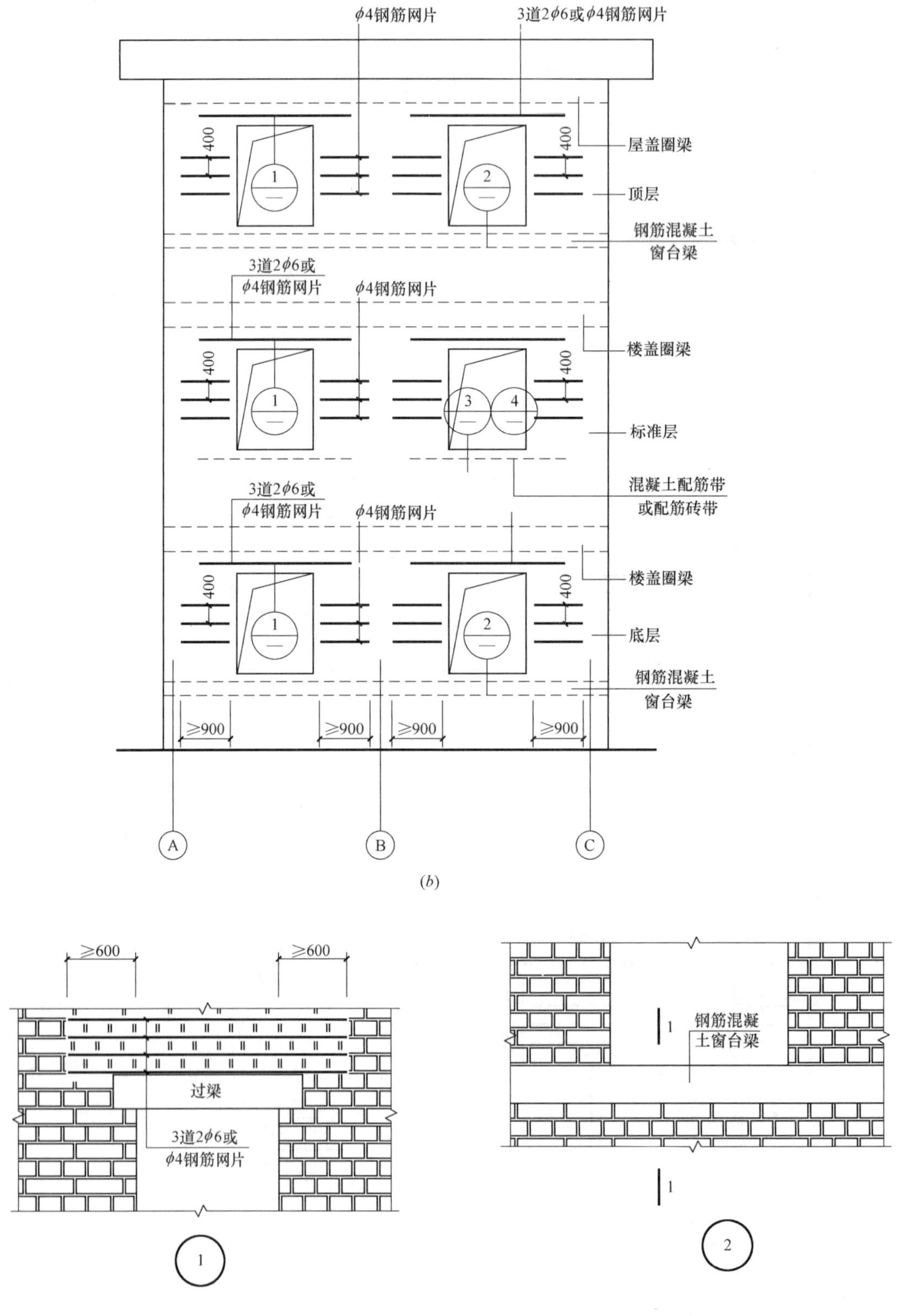

图 5-1　砖墙房屋抗裂构造（二）

(*b*) 山墙抗裂措施

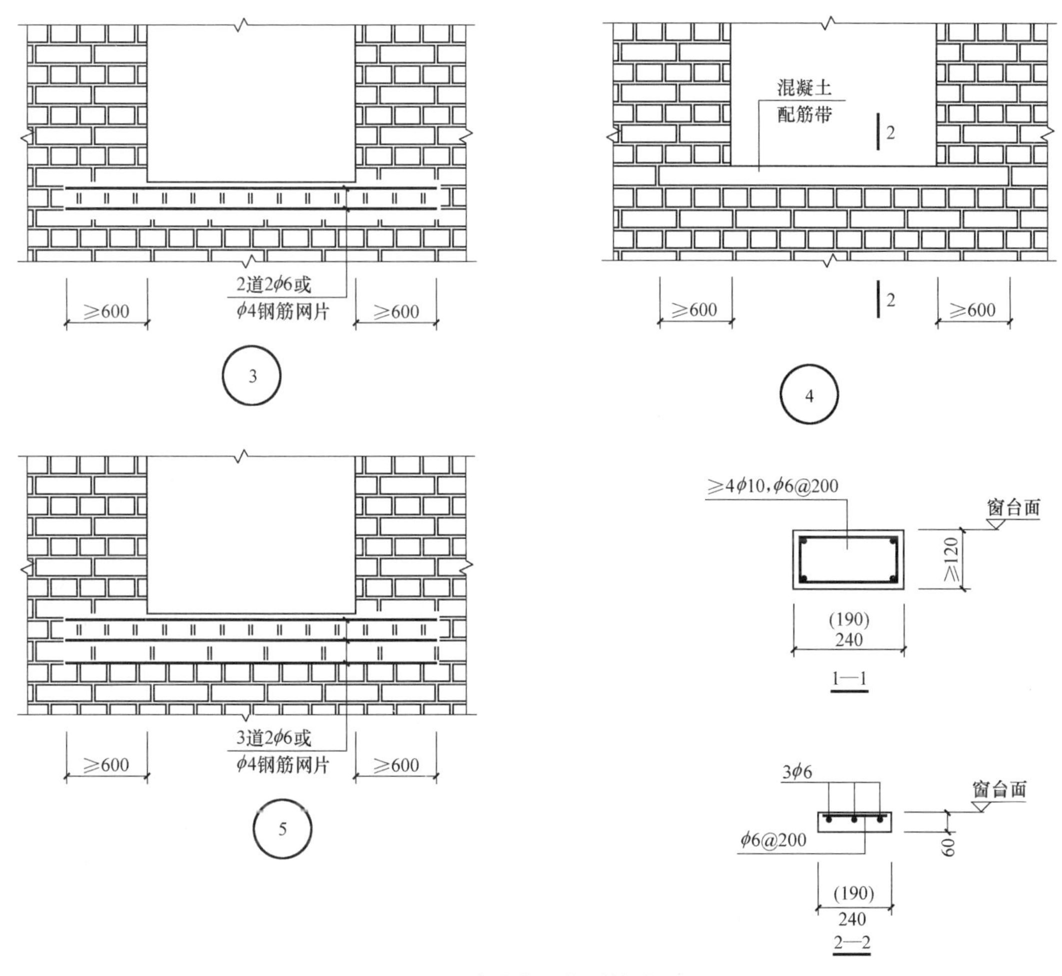

图 5-1　砖墙房屋抗裂构造（三）

2. 砌块墙房屋抗裂构造

砌块墙房屋抗裂构造，如图 5-2 所示。

3. 防止墙体开裂的主要措施

（1）为防止或减轻房屋在正常使用条件下，由温差和砌体干缩引起的墙体竖向裂缝，应在墙体中设置伸缩缝。伸缩缝应设在因温度和收缩变形引起应力集中、砌体产生裂缝可能性最大处。伸缩缝的间距可按表 5-1 采用。

（2）防止或减轻房屋顶层墙体裂缝，宜根据情况采取下列措施：

1）屋面应设置保温、隔热层。

2）屋面保温（隔热）层或屋面刚性面层及砂浆找平层应设置分隔缝，分隔缝间距不宜大于 6m，其缝宽不小于 30mm，并与女儿墙隔开。

3）采用装配式有檩体系钢筋混凝土屋盖和瓦材屋盖。

4）顶层屋面板下设置现浇钢筋混凝土圈梁，并沿内外墙拉通，房屋两端圈梁下的墙体内宜设置水平钢筋。

5）顶层墙体有门窗等洞口时，在过梁上的水平灰缝内设置 2～3 道焊接钢筋网片或 2 根直径 6mm 钢筋，焊接钢筋网片或钢筋应伸入洞口两端墙内不小于 600mm。

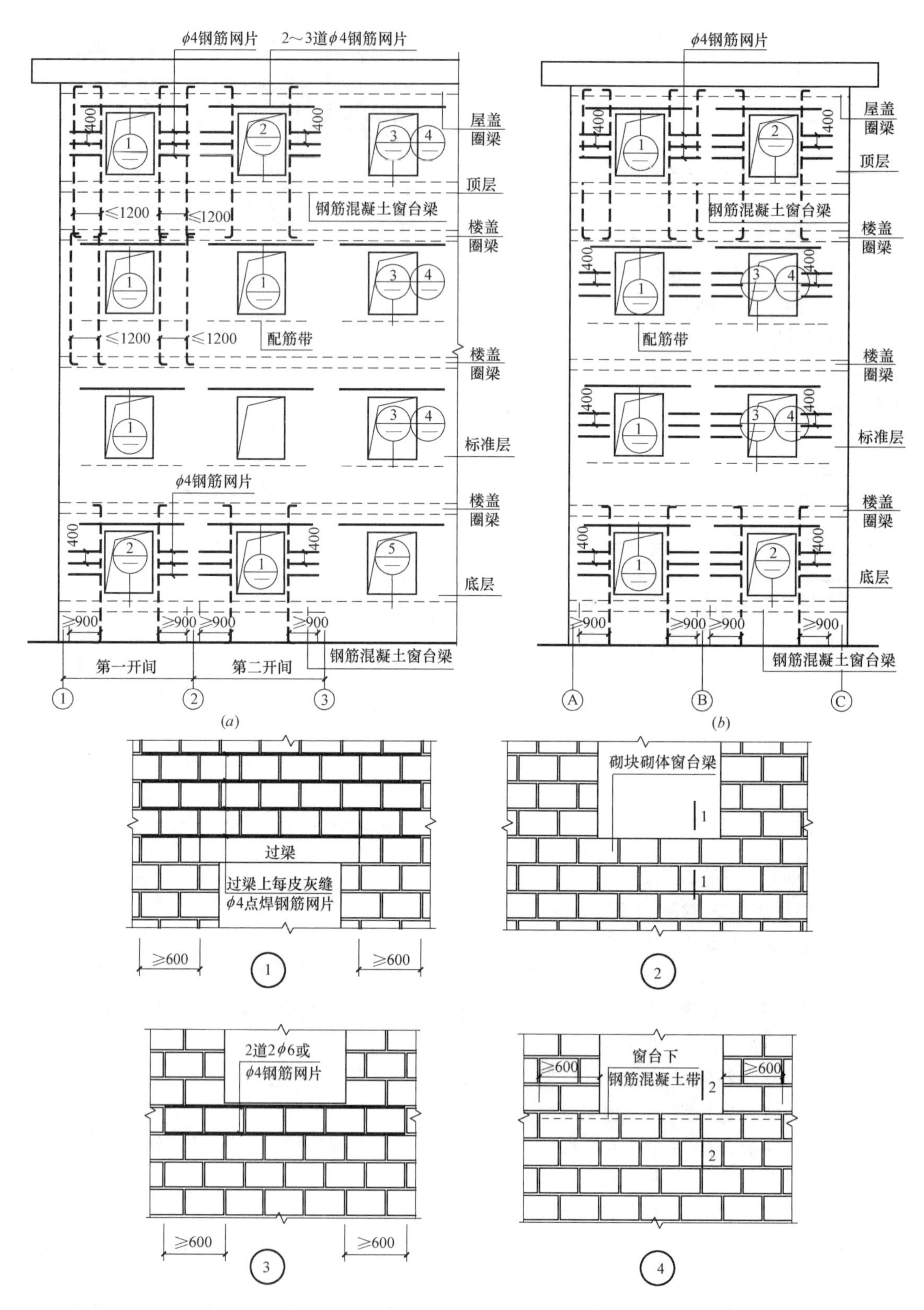

图 5-2　砌块墙房屋抗裂构造（一）

（a）外纵墙抗裂措施；（b）山墙抗裂措施

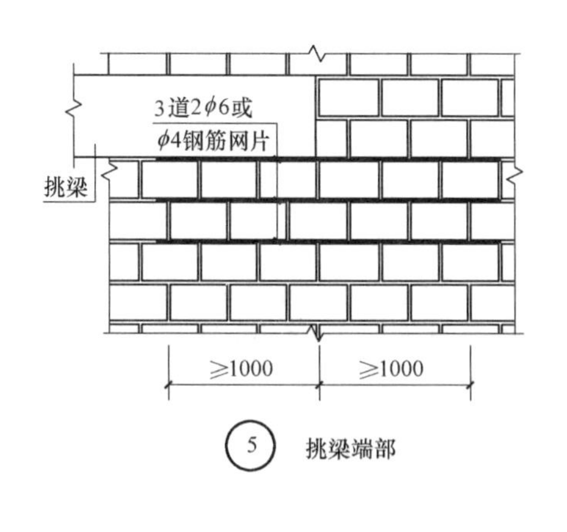

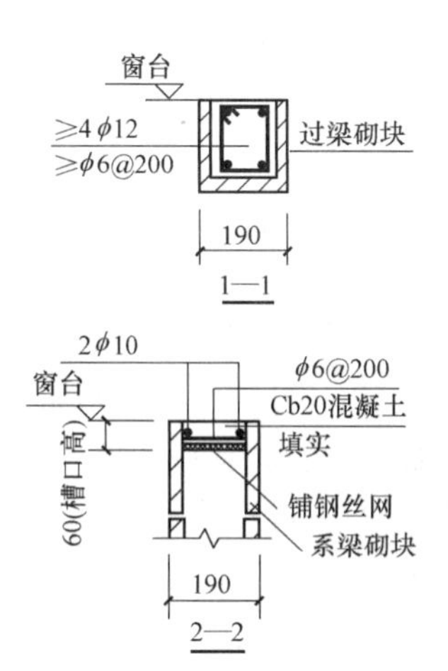

图 5-2 砌块墙房屋抗裂构造（二）

砌体房屋伸缩缝的最大间距 **表 5-1**

屋盖或楼盖类别		间距(m)
整体式或装配整体式钢筋混凝土结构	有保温层或隔热层的屋盖、楼盖	50
	无保温层或隔热层的屋盖	40
装配式无檩体系钢筋混凝土结构	有保温层或隔热层的屋盖、楼盖	60
	无保温层或隔热层的屋盖	50
装配式有檩体系钢筋混凝土结构	有保温层或隔热层的屋盖	75
	无保温层或隔热层的屋盖	60
瓦材屋盖、木屋盖或楼盖、轻钢屋盖		100

注：1. 对烧结普通砖、烧结多孔砖、配筋砌块砌体房屋，取表中数值；对石砌体、蒸压灰砂普通砖、蒸压粉煤灰普通砖、混凝土砌块、混凝土普通砖和混凝土多孔砖房屋，取表中数值乘以 0.8 的系数，当墙体有可靠外保温措施时，其间距可取表中数值。
2. 在钢筋混凝土屋面上挂瓦的屋盖应按钢筋混凝土屋盖采用。
3. 层高大于 5m 的烧结普通砖、烧结多孔砖、配筋砌块砌体结构单层房屋，其伸缩缝间距可按表中数值乘以 1.3。
4. 温差较大且变化频繁地区和严寒地区不采暖的房屋及构筑物墙体的伸缩缝的最大间距，应按表中数值予以适当减小。
5. 墙体的伸缩缝应与结构的其他变形缝相重合，缝宽度应满足各种变形缝的变形要求；在进行立面处理时，必须保证缝隙的变形作用。

6）顶层及女儿墙砂浆强度等级不低于 M7.5（Mb7.5、Ms7.5）。

7）女儿墙应设置构造柱，构造柱间距不宜大于 4m，构造柱应伸至女儿墙顶并与现浇钢筋混凝土压顶整浇在一起。

8）对顶层墙体施加竖向预应力。

（3）防止或减轻房屋底层墙体裂缝，宜根据情况采取下列措施：

1）增大基础圈梁的刚度。

2）在底层的窗台下墙体灰缝内设置 3 道焊接钢筋网片或 2 根直径 6mm 钢筋，并应伸入两边窗间墙内不小于 600mm。

（4）房屋两端和底层第一、第二开间门窗洞处，可采取下列措施：

1）在门窗洞口两边墙体的水平灰缝中，设置长度不小于 900mm、竖向间距为 400mm 的 2 根直径 4mm 的焊接钢筋网片。

2）在顶层和底层设置通长钢筋混凝土窗台梁，窗台梁高宜为块材高度的模数，梁内纵筋不少于 4 根，直径不小于 10mm，箍筋直径不小于 6mm，间距不大于 200mm，混凝土强度等级不低于 C20。

3）在混凝土砌块房屋门窗洞口两侧不少于一个孔洞中设置直径不小于 12mm 的竖向钢筋，竖向钢筋应在楼层圈梁或基础内锚固，孔洞用不低于 Cb20 混凝土灌实。

（5）防止墙体开裂的其他措施：

1）在每层门、窗过梁上方的水平灰缝内及窗台下第一和第二道水平灰缝内，宜设置焊接钢筋网片或 2 根直径 6mm 钢筋，焊接钢筋网片或钢筋应伸入两边窗间墙内不小于 600mm。当墙长大于 5m 时，宜在每层墙高度中部设置 2～3 道焊接钢筋网片或 3 根直径 6mm 的通长水平钢筋，竖向间距为 500mm。

2）填充墙砌体与梁、柱或混凝土墙体结合的界面处（包括内、外墙），宜在粉刷前设置钢丝网片，网片宽度可取 400mm，并沿界面缝两侧各延伸 200mm，或采取其他有效的防裂、盖缝措施。

3）当房屋刚度较大时，可在窗台下或窗台角处墙体内、在墙体高度或厚度突然变化处设置竖向控制缝。竖向控制缝宽度不宜小于 25mm，缝内填以压缩性能好的填充材料，且外部用密封材料密封，并采用不吸水的、闭孔发泡聚乙烯实心圆棒（背衬）作为密封膏的隔离物，如图 5-3 所示。

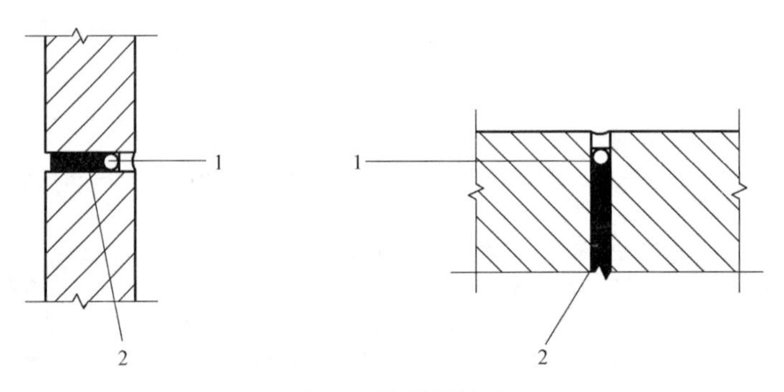

图 5-3　控制缝构造

1—不吸水的、闭孔发泡聚乙烯实心圆棒；2—柔软、可压缩的填充物

4）夹心复合墙的外叶墙宜在建筑墙体适当部位设置控制缝，其间距宜为 6～8m。

5.2　坡屋面构造

坡屋顶房屋的屋架应与顶层圈梁可靠连接，檩条或屋面板应与墙、屋架可靠连接，房屋出入口处的檐口瓦应与屋面构件锚固。采用硬山搁檩时，顶层内纵墙顶宜增砌支承山墙的踏步式墙垛，并设置构造柱。

（1）瓦木坡屋面构造，如图 5-4 所示。

1）瓦木坡屋面应采用镀锌螺栓、螺母、垫片与爬山圈梁连接。

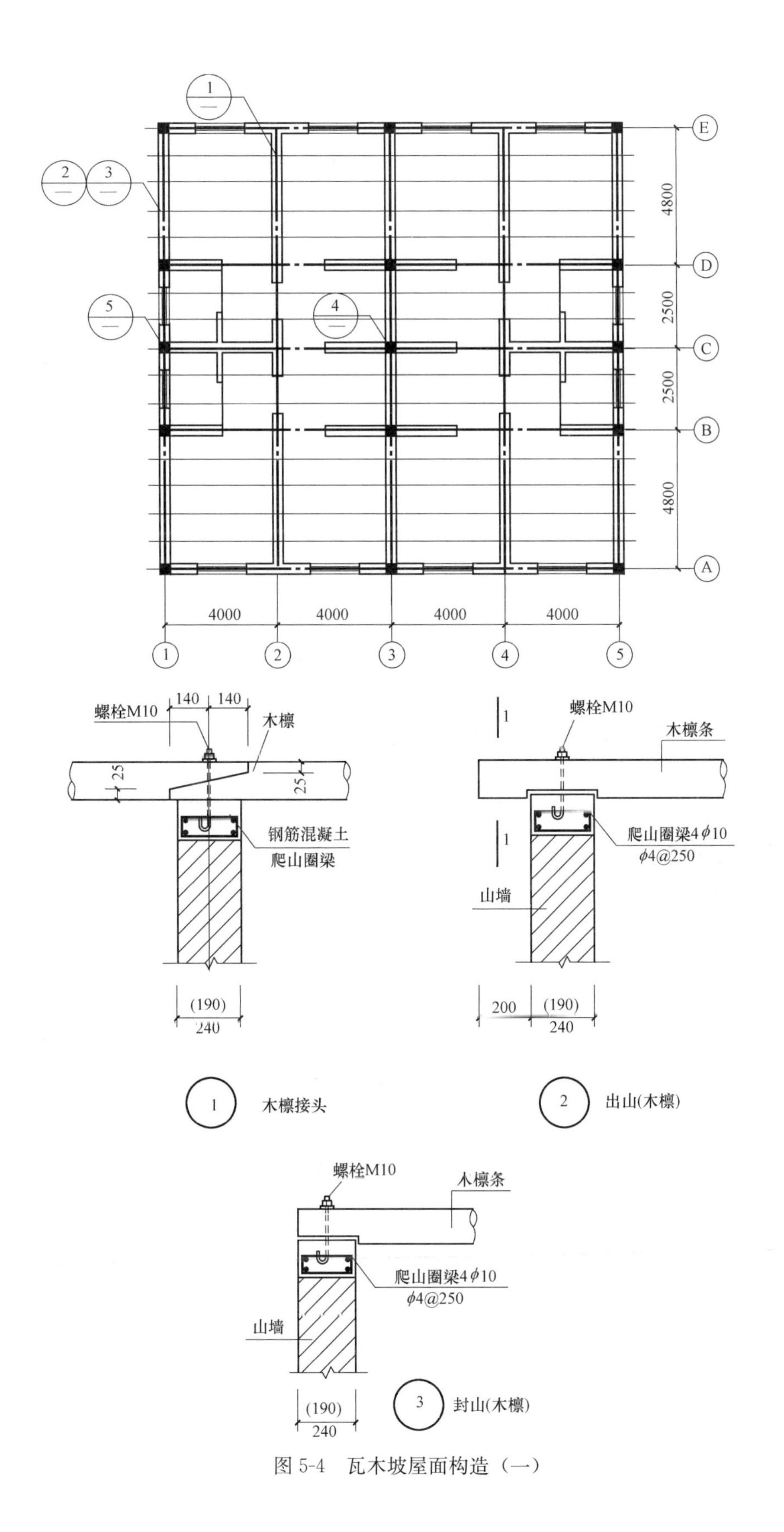

图 5-4 瓦木坡屋面构造（一）

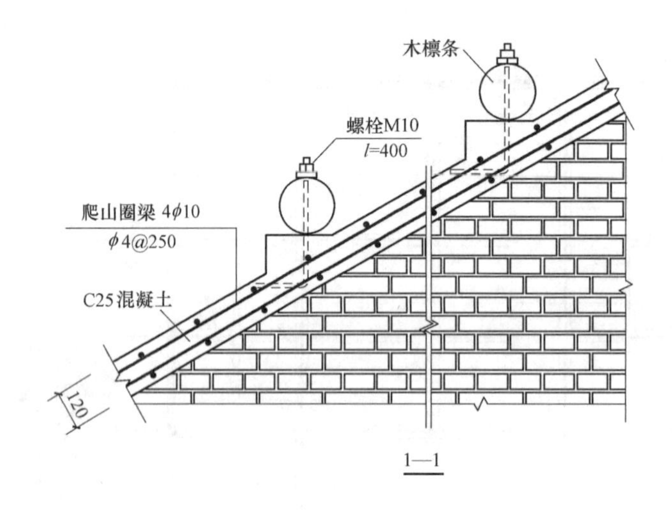

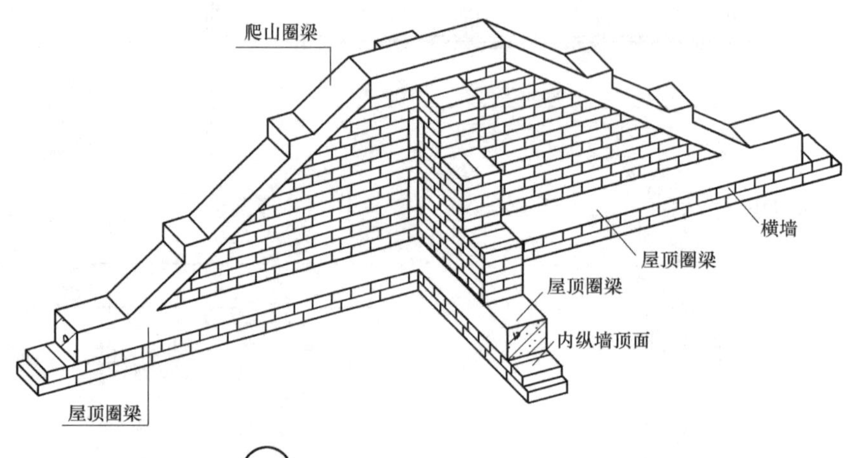

4 十字形(横墙)屋脊

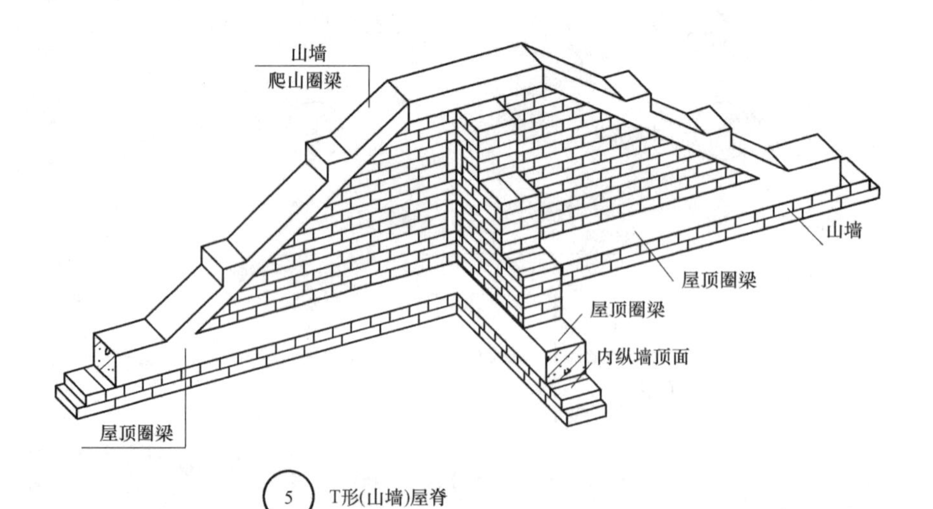

5 T形(山墙)屋脊

图 5-4　瓦木坡屋面构造（二）

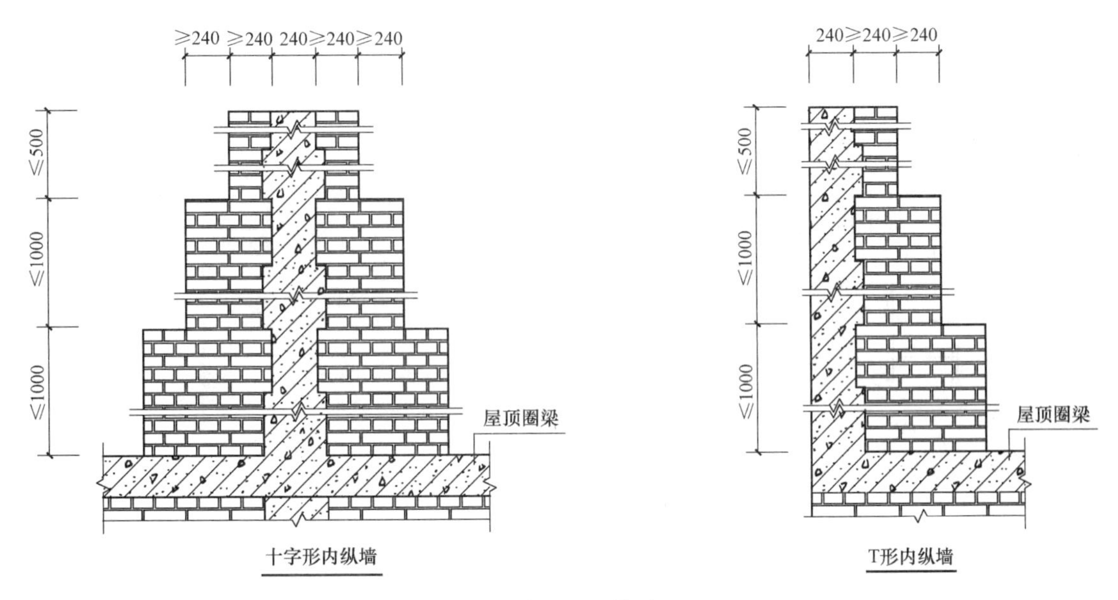

图 5-4　瓦木坡屋面构造（三）

2）爬山圈梁高应不小于 120mm，屋顶圈梁高应不小于 200mm，混凝土强度不低于 C25。

3）墙顶踏步式墙垛砌体应与顶层砌体强度相同。

(2) 钢筋混凝土坡屋面构造，如图 5-5 所示。

1）坡屋面斜梁截面和配筋由具体工程设计确定。

2）混凝土强度等级应不低于 C25。

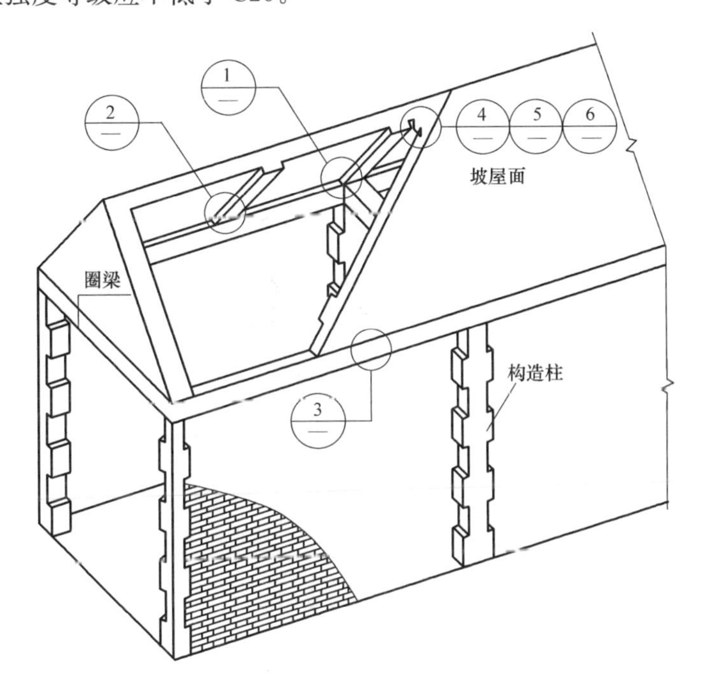

图 5-5　钢筋混凝土坡屋面构造（一）

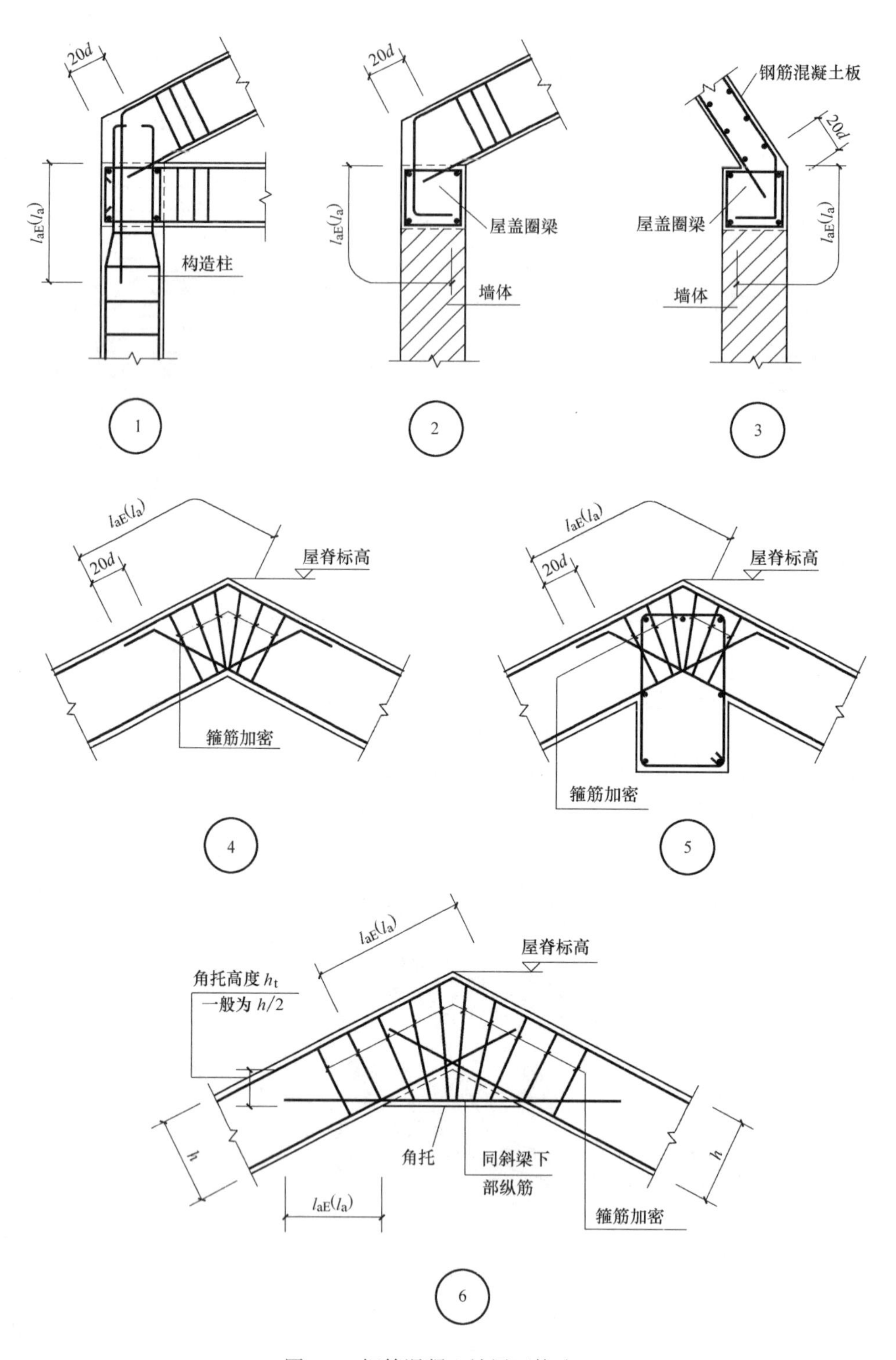

图 5-5　钢筋混凝土坡屋面构造（二）

参 考 文 献

[1] 同济大学建筑设计研究院（集团）有限公司，湖南大学建筑设计研究院有限公司. 12SG620 砌体结构设计与构造［S］. 北京：中国计划出版社，2012.

[2] 中国建筑东北设计研究院有限公司. GB 50003—2011 砌体结构设计规范［S］. 北京：中国建筑工业出版社，2012.

[3] 中国建筑科学研究院. GB 50010—2010 混凝土结构设计规范［S］. 北京：中国建筑工业出版社，2011.

[4] 中国建筑科学研究院. GB 50011—2010 建筑抗震设计规范［S］. 北京：中国建筑工业出版社，2010.

[5] 中国建筑科学研究院. GB 50023—2009 建筑抗震鉴定标准［S］. 北京：中国建筑工业出版社，2009.

[6] 中国建筑科学研究院. GB 50223—2008 建筑工程抗震设防分类标准［S］. 北京：中国建筑工业出版社，2008.

[7] 郑山锁，薛建阳. 底部框剪砌体房屋抗震分析与设计［M］. 北京：中国建材工业出版社，2002.

[8] 施岚青. 实用砌体结构设计手册［M］. 北京：冶金工业出版社，1990.